KB123713

내 몸의 소중한 재료!

 영양소 Story

포켓브러리
005

내 몸의 소중한 재료!

영양소 *Story*

김형미 지음

 + + + = Nutrient

영양소는 몸을 구성하는 기본 단위인 세포나 효소, 호르몬, 면역
체 등 생명활동에 필요한 성분들의 재료가 되고, 체내에서 에너지
를 발생시켜 호흡하기, 활동하기 등 생명을 유지하는 데 필요한
료가 됩니다.

세창미디어

포켓브러리 005

내 몸의 소중한 재료! 영양소 Story

초판 1쇄 인쇄 2010년 1월 15일
초판 1쇄 발행 2010년 1월 20일

지은이 김형미 | **펴낸이** 이방원

편집 김명희 · 김종훈 · 손소현 · 안효희 | **마케팅** 최성수

펴낸곳 세창미디어 | **출판신고** 1998년 1월 12일 제300-1998-3호
주소 120-050 서울시 서대문구 냉천동 182 냉천빌딩 4층
전화 723-8660 | **팩스** 720-4579
이메일 sc1992@empal.com
홈페이지 http://www.scpc.co.kr

ISBN 978-89-5586-103-7 04590
ISBN 978-89-5586-096-2(세트)

ⓒ 김형미, 2010

값 5,000원

영양소 Story : 내 몸의 소중한 재료! / 김형미 지음. — 서울 : 세창미디
어, 2010
   p. ; cm — (포켓브러리 ; 005)

ISBN 978-89-5586-103-7 04590 : ₩5000
ISBN 978-89-5586-096-2(세트)

영양소[營養素]

594.1-KDC4
613.2-DDC21
                                              CIP2010000093

내 몸의 소중한 재료! 영양소 Story

생명의 재료, 영양소

인간이 존재하는 그 자체를 "생명"이라고 합니다. 생명은 물질 대사, 즉 물질의 출입과 변화, 그리고 에너지로의 전환과 평형 유지 노력 등의 무수한 활동으로 존재합니다. 그럼 이러한 생명현상을 이어가게 하는 물질은 무엇일까요? 그 물질의 대부분을 영양소라고 합니다.

영양소는 몸을 구성하는 기본 단위인 세포나 효소, 호르몬, 면역체 등 생명활동에 필요한 성분들의 재료가 되고, 체내에서 에너지를 발생시켜 호흡하기, 활동하기 등 생명을 유지하는 데 필요한 연료가 됩니다. 생명은 영양소에 의해 존재한다고 해도 과언이 아닐 것입니다. 뿐만 아니라 우리 몸은 약 60조 개의 세포로 구성되어 있고, 이 세포들은 매초마다 수천만 개씩 파괴되고 새로운 세포로 교체되는 데 1년이 걸리고, 그 비율은 약 98%에 이릅니다. 이렇게 새로운 세포가 만들어지는 과정에서 하나의 영양소가 조금만 부족해도 세포 조직은 손상되고, 복원되지 못하며, 그 기능을 수행하지 못하고, 결핍상태가 지속되면 질병이 발생합니다.

건강한 신체는 건강한 세포에 의해 만들어지는 것이며, 세포가 건강하기 위해서는 세포에 필요한 영양소들이 빠짐없이 지속적으로 공급되어야 합니다. 우리 몸은 영양소로 이루어진 유기체인 것입니다.

현재까지 밝혀진 영양소는 탄수화물, 단백질, 지방, 20여 종의 비타민, 25여 종의 미네랄, 물, 섬유소들로 약 50여 종이 있습니다. 최근에는 파이토케미컬, 항산화영양소 등 아직까지 영양물질로 정의되고 있지는 않지만 체내에서 중요한 생리기능을 담당하는 성분들이 속속 밝혀지고 있습니다.

그러면 이러한 영양소들은 어디에서 공급되는 걸까요? 매일 우리가 먹는 음식에 함유된 영양소를 취하여 일부는 몸에서 생산되기도 하고, 일부는 식품에 있는 영양소로 직접 공급받기도 합니다. 미국의 로저 윌리엄스 박사는 생명사슬 이론에서 체내의 모든 영양소, 즉 탄수화물, 지방, 단백질, 비타민, 무기질 등이 사슬처럼 조직되어 생명활동을 유지하기 위한 역할을 담당하는데, 그 사슬을 구성하는 각각의 영양소에는 절대 필요기준이 있어 어느 하나가 필요 수준 이하이거나 이상이 되면 사슬이 점점 약해지고 그 상황이 지속되면 사슬이 끊어지게 되어 결국 질병 상태로 나타나게 된다고 하였습니다.

그럼 지금부터 우리 몸을 이루고, 생명을 지속하게 하는 영양소에 대한 이야기를 해보겠습니다.

최우선 에너지 연료
탄수화물

　탄수화물을 풀이하면 탄소와 물의 결합체라는 뜻입니다. 식물의 엽록소가 태양에너지, 공기 중의 이산화탄소, 그리고 물을 이용하여 탄수화물을 만들고 저장합니다. 사람이 탄수화물이 포함된 식물을 섭취하게 되면 탄수화물은 대사 과정을 거쳐 혈당(포도당)으로 분해됩니다. 포도당은 다시 생명활동에 필요한 에너지로 전환됩니다.

　탄수화물은 1g당 4kcal의 열량을 냅니다. 특히 뇌, 적혈구와 신경세포는 탄수화물의 체내 최종 대사물인 포도당만을 연료로 사용합니다.

우리 몸에서 탄수화물은 어디 있나요?

 우리 몸에서 탄수화물은 여러 단계의 대사 과정을 거쳐 포도당으로 분해되어 혈액에 일정 농도를 유지하면서 뇌, 적혈구 신경세포의 에너지원으로 사용되기 위한 대기 상태로 있습니다. 혈액 중에 있는 포도당은 20g 정도로 약 80kcal에 불과합니다. 혈액에 일정량 있는 포도당 외에 그때그때 에너지로 사용되고 남은 포도당은 글리코겐으로 전환되어 저장됩니다. 성인의 경우 간에 약 100g, 근육에 약 250g 정도로 약 1,400kcal 정도까지 글리코겐을 저장할 수 있습니다. 그러나 이 정도의 양은 약 2~3시간 격한 운동을 하거나 금식을 하게 되면 하루 만에 고갈됩니다. 글루코겐의 체내 저장 허용량은 제한되어 있어, 이를 넘은 탄수화물은 지방으로 전환되어 저장됩니다.

탄수화물과 건강 이야기

당   뇨   혈액 속의 포도당 농도를 혈당이라고 합니
다. 이러한 혈당은 정상인의 경우 공복 시에도 70~
110mg/dl로 일정하게 유지되어야 하며, 식후에 약간
올랐다가도 곧 이 수치를 유지하여야 합니다. 즉, 식
사 후에 소화과정을 거쳐 혈액 속으로 포도당이 흡수
되면, 인슐린이라는 호르몬에 의해 각 세포로 포도당
이 이동합니다. 그러나 인슐린이 부족하거나 효율적
으로 사용되지 못하면 혈액에서 포도당은 정상 농도
를 유지하지 못해 고혈당 상태가 되고, 반대로 세포는
정상적으로 포도당을 사용할 수 없게 됩니다. 혈당이
약 170~180mg/dl 수준을 넘게 되면 소변으로 포도당
을 배출하게 되며, 이러한 악순환 상태를 당뇨라고 합
니다. 당뇨의 원인으로는 성인의 경우 가족력, 비만
등을 들 수 있는데, 최근 우리나라도 먹을거리가 풍부
해지면서 비만이 증가하고 더불어 당뇨도 증가하고

있습니다. 당뇨는 합병증으로 이어지므로 주의가 필요합니다. 당뇨가 생기면 식사관리에 주의해야 하며, 특히 혈당을 빠르게 높이는 설탕과 같은 단당류의 섭취를 제한하여야 합니다.

고지혈증　　고지혈증은 혈액 내 콜레스테롤과 중성지방이 증가된 상태를 의미합니다. 고지혈증은 심장혈관질환의 발생률을 증가시킵니다. 물론 고지혈증에는 많은 원인이 있지만 우리나라에선 과량의 탄수화물 섭취로 인한 고지혈증 발생률이 높은 편입니다.

　탄수화물의 주요 역할은 일정한 농도의 혈당을 유지하면서 에너지원으로 사용되는 것이지만 에너지원으로 사용되고 남은 탄수화물은 지방으로 변화하여 우리 몸에 저장됩니다. 이렇게 탄수화물이 지방으로 변환되면서 혈중에 중성지방을 증가시키게 되는 것이지요.

장기간 탄수화물 공급이 안되면 뇌, 신경세포, 적혈구 등은 당질의 분해산물인 포도당을 에너지원으로 사용하기 때문에 우리 몸은 혈액 내에 포도당의 농도를 일정하게 유지하고 있어야 합니다. 따라서 최소한 하루 50~100g 정도의 탄수화물을 섭취해야 합니다. 만약 지속적으로 탄수화물이 공급되지 않으면 탄수화물의 저장고인 글리코겐을 분해하여 혈당을 유지시킵니다. 그러나 저장된 글리코겐양이 아주 적기 때문에 바로 고갈되며, 우리 몸은 피하조직에 있는 지방을 분해하여 케톤체를 만들어 뇌와 심장 등 일부 조직에 비상 에너지원으로 사용합니다. 만일 일부 뇌 조직이 케톤체를 사용하지 못하면 우리 몸은 다시 생체 내 단백질을 분해하여 포도당을 만들어냅니다. 그러나 이런 현상은 자기 소화 현상으로 이 기간이 오래되면 근육, 심장 등의 주요기관에 있는 단백질이 분해되면서 인간은 점점 생존능력을 잃게 됩니다.

저혈당 상태　　우리가 굶거나, 오랜 시간 동안 음식을 먹지 않고 운동을 하게 되면 공복감을 느끼게 되는데, 이것은 혈당이 약 70mg/dl 이하로 떨어질 때부터 시작됩니다. 이러한 상황을 저혈당 상태라고 하며, 몹시 예민해지고 신경질이 나며 가슴이 두근거리는 증상과 함께 진땀이 나기도 합니다. 이때 포도당이 바로 공급되지 못하고 저혈당 상태가 오래 지속되면 의식을 잃는 경우도 발생합니다. 이런 현상은 특히 인슐린 주사를 맞는 당뇨환자에게서 빈번하게 발생할 수 있어, 인슐린과 음식과의 조화가 면밀하게 이루어져야 하는 이유가 여기에 있습니다.

탄수화물을 공급하여 주는 식품

　탄수화물은 주로 식물류에 많이 함유되어 있는데, 쌀, 보리, 밀, 옥수수, 밤, 사탕수수 등과 같은 작물과 그러한 작물로 만든 가공식품류인 밀가루, 국수, 빵,

떡, 설탕 등의 성분이 탄수화물입니다. 예전부터 곡류 위주의 우리나라 식사에서는 비교적 용이하게 탄수화물을 섭취할 수 있습니다.

❀ 식품 속에 탄수화물의 함량

분류	식품명	중량(g)	목측량	탄수화물 양(g)
곡류	쌀밥	210	1공기	69
	삶은 국수	180	1공기	46
	라면	120	1인분	74
	식빵	105	3쪽	69
	미숫가루	30	4큰술	23
	고구마	70	1/2개	23
	감자	150	중1개	23
	가래떡	100	썬 것 26개	46
과일류	사과	200	중 1개	24
	귤	100	중 1개	12
	수박	250	대 1쪽	12
	감	80	중 1/2개	12
기타	우유	200	1컵	11
	콜라	250	1캔	25
	사탕	3	1개	2.8
	영양갱	60	1개	40
	초콜릿	65	1개	36
	아이스크림	170	1개	34

식품의 혈당지수와 혈당 부하지수

최근에는 탄수화물이 우리 몸에서 혈당에 미치는 효과를 수치로 표시하는 혈당지수에 대한 정보가 각광을 받고 있습니다. 탄수화물이 함유된 식품 중 어떤 식품은 섭취 후 순식간에 혈당을 오르게 하는 반면 또 어떤 식품은 서서히 올리기도 합니다.

토론토 대학의 영양학자인 데이비드 젠킨스와 그의 동료들은 흰 빵과 비교하여 다른 식품의 탄수화물이 혈당에 어떤 영향을 미치는지를 체계적으로 시험하여 혈당지수를 개발하였습니다. 혈당지수가 높은 식품들은 혈액으로 포도당을 빠르게 방출하여 혈당 수치를 급속히 상승시켰다가 빠르게 떨어뜨려 공복감을 빨리 느끼도록 합니다. 반대로 낮은 혈당지수를 가진 식품들은 혈액으로 포도당을 느리게 방출하여 더 오랜 시간 공복감을 느끼지 않게 합니다.

순수한 포도당을 100으로 기준점을 정하여, 수치가

55 이하인 식품은 혈당지수가 낮은 식품으로 간주합니다. 예를 들어 사과의 혈당지수는 36, 콘플레이크는 84 정도이며, 아이스크림은 64로 흰 빵의 혈당지수인 70보다 더 낮습니다.

그러나 식품의 혈당지수는 단지 부분적인 정보입니다. 왜냐하면 혈당과 인슐린 수치에는 혈당지수뿐만 아니라 섭취량도 영향을 주기 때문입니다. 이에 하버드 대학의 월터 C 월렛 박사는 동료 연구자와 "혈당부하"라는 개념을 만들었는데, 이것은 섭취하는 식품 중에 들어 있는 탄수화물의 양에 그 식품의 혈당지수를 곱하여 얻은 값입니다. 그래서 그 값이 10 이하로 나오면 낮은 것으로 간주하면 됩니다.

혈당부하는 식품의 탄수화물 양이나 혈당지수 한 가지 정보보다는 식품을 섭취한 후 체내에서 발생되는 생화학적 반응에 미치는 영향을 더 잘 반영하고 있습니다. 따라서 건강한 탄수화물 섭취를 위해서는 탄수화물의 혈당부하가 낮은 것이 더 좋습니다. 그러기 위해서는 음식의 종류별 혈당지수를 파악하고 아울러 양을 조절하여 섭취하는 것이 좋습니다.

그러면 무엇이 식품의 혈당지수와 혈당부하를 결정할까요? 쌀을 예로 들자면 현미의 경우 백미보다 겉껍질이 두꺼워 비교적 덜 호화가 되므로 체내에서 소화가 쉽게 되지 않아 혈당지수가 낮습니다. 즉, 통밀을 곱게 갈수록, 쌀의 도정을 많이 할수록 소화되기 어려운 섬유질의 외피를 벗겨냄으로써, 소화 효소의 작용 면적이 커지면서 소화시간이 빨라져 혈당지수가 높아지게 됩니다. 어디 그뿐인가요? 식품에 소화 불가능한 섬유소가 함유되어 있으면, 음식물이 빠르게 소화되는 것을 막아주어, 탄수화물의 소화 산물인 포도당이 혈액으로 방출되는 시간을 지연시키는 효과가 있습니다. 뿐만 아니라 지방 또한 소화 시간을 지연시키므로 지방이 많이 함유된 식품의 경우에도 혈당지수가 낮습니다. 아울러 조리시 기름을 첨가하게 되면 혈당부하를 낮추는 효과를 얻을 수 있습니다. 그렇지만

너무 많은 기름은 열량 과잉을 초래하므로 적당량 첨
가하셔야 되겠죠?

❖ 식품별 혈당 지수(식품 100g 기준)

높은 군	혈당지수	중간 군	혈당지수	낮은 군	혈당지수
백미	70-90	현미	50-60	두류(콩)	18
흰빵	70	보리빵	65	전곡류 빵	30-45
프랑스빵	95	귀리빵	65	올브란	42
감자	80-100	잡곡콘플레이크	66	우유	27
콘플레이크	84	아이스크림	64	저지방 우유	33
수박	70	바나나, 파인애플	53/52	사과/오렌지/배	36/43/28

참조: 최혜미, 『21세기 영양학』, 교문사, 2006.

❖ 주요 탄수화물 식품의 혈당지수와 혈당부하 수치

식품	1회 분량	혈당지수(%)	탄수화물(g)	혈당부하
흰 쌀밥	100g	64	36	23
코카콜라	360g	63	39	25
으깬 감자	150g	74	20	15
바나나	중 1개	51	25	13
흰 식빵	1조각	70	14	10
전곡빵	1조각	71	13	9
설탕	1작은술	98	10	7
사과	중간 1개	38	15	6
당근	1/2컵	47	6	3

탄수화물 식품의 현명한 섭취 방법

1. 매일 매끼 흰 쌀밥보다는 현미나 통밀, 보리 등이 섞인 잡곡밥 형태로 섭취하는 것이 혈당부하를 적게 할 수 있어 좋습니다.
2. 간식으로는 단 빵이나 케이크보다는 고구마, 감자, 옥수수가 좋습니다.
3. 탄수화물 식품의 혈당부하를 낮추기 위해서, 백미, 흰 밀가루, 설탕의 섭취를 줄여야 합니다. 따라서 이러한 식품으로 만들어진 음식에 주의하십시오.
4. 비만, 당뇨, 고지혈증 등 건강상 문제가 있다면 혈당지수가 높은 탄수화물 식품의 섭취량에 주의하십시오. 예를 들어 단 음료수, 캔디, 초콜릿, 케이크, 비스킷 등의 섭취 횟수나 섭취량을 줄이는 것이 좋습니다.

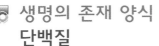

생명의 존재 양식 단백질

우리 몸의 구성 성분 중 70%인 수분을 제외한 성분의 70%가 약 1만 종류의 단백질로 구성되어 있습니다. 단백질은 22여 가지의 아미노산이 수백 개 이상 조합되어 구성된 거대한 단백질 분자를 이루고 있으며 체내에서 고유의 기능에 따라 3차원적 입체 구조를 가지고 있습니다. F. 엥겔스가 '생명이란 단백질의 존재 양식이다.'라고 하였듯이, 생명이 있는 한, 우리 몸은 유전자 정보에 의해, 세포의 특성에 따라, 또는 기능에 따라 다양한 형태의 단백질을 끊임없이 만들어냅니다. 또한 일정 주기별로 세포나 효소들을 교체하는데 이 과정에서 아미노산을 회수하여 새로운 단백질 합성과정에서 재사용합니다. 따라서 몸에서 단백질이 합성되고 폐기되는 일련의 과정을 생명 현상으로 볼 수 있습니다.

우리 몸에서 단백질은 어디 있을까?

피부, 근육, 내장, 손톱, 모발, 피 그리고 뼈의 기초까지도 단백질로 구성되어 있습니다. 또한 생명 활동에 필요한 에너지는 효소에 의해 생성되는데 이 효소의 주요 구성분이 단백질입니다. 더 중요한 것은 우리 몸에 다른 균으로부터의 감염을 보호하는 여러 가지 보호 장치 중에서 감마글로불린과 식세포, 백혈구 모두 단백질로 구성됩니다. 어디 그뿐인가요? 즉 음식물을 물에 녹이고 혈액 속으로 통과할 수 있는 미립자로 바꾸어주는 소화효소 또한 단백질로 구성되어 있답니다. 게다가 위와 장의 벽은 근육으로 되어 있어 서로 수축, 이완하여 음식물을 소화액이나 효소들과 섞어 주고, 소화기관이 정상적 위치를 유지하도록 하는 역할을 하는데 이 근육 또한 단백질 성분입니다.

이외에 단백질은 혈액에 녹아 있으면서 산성 혹은 알칼리성 물질과 결합하여 체액이 지나치게 산성이나 알칼리성으로 되는 것을 막아줍니다. 이쯤 되면 단백질이 우리 몸의 재료가 되고 생명활동에 기초가 된다고 해도 과언은 아니라는 생각이 드시죠?

단백질과 아미노산

우리 몸을 구성하는 단백질은 아미노산으로 만들어지는데, 필요한 아미노산의 종류는 22종이라고 합니다. 26자의 알파벳으로 무수한 단어들이 만들어지듯이, 22종의 아미노산이 서로 다르게 결합하여 무수히도 많은 단백질을 만들어냅니다. 그런데 대부분의 아미노산은 세포가 교체되면서 파괴되는 아미노산을 재활용하여 사용합니다. 그러나 신체에서 만들어지지 않아 식품을 통하여 공급되어야 하는 아미노산이 있는데 이러한 아미노산을 필수 아미노산이라고 합니다. 필수 아미노산은 8종류로 트립토판, 라이신, 메티오닌, 페닐알라닌, 트레오닌, 발린, 로이신, 이소로이신로입니다. 특히 아이들의 경우에는 성장에 필요하지만 충분히 합성할 수 없는 히스티딘과 아르기닌도 필수 아미노산에 포함됩니다.

다음은 아미노산으로 단백질을 만드는 과정을 살펴볼까요? 식품에 함유된 단백질이 소화되거나, 우리 몸의 단백질이 분해되어 재흡수된 아미노산은 세포나 아미노산 풀(창고)에 저장됩니다. 일종의 단백질 재료 창고이지요. 아미노산 풀에서 필요한 아미노산을 골라서 새 조직이나 항체, 호르몬, 효소, 그리고 혈 세포 등 우리 몸의 성분인 단백질을 만드는 데 사용하는 것이지요. 아미노산 풀의 크기는 식사 섭취량, 체내 함량, 신체에서의 재활용 정도에 따라 다를 수 있습니다. 아미노산 풀에 각각 필요한 아미노산 종류별로 골고루 갖추고 있어야 단백질 합성이 제대로 이루어질 수 있기 때문에, 한 종류라도 부족하지 않도록 매일 적절한 단백질 식품을 섭취하여 질적·양적으로 충분한 아미노산 풀이 만들어져야 합니다.

단백질과 건강

단백질 부족　　단백질이 오랫동안 필요량보다 적게 섭취되면 아미노산 풀이 고갈됩니다. 그 이후로 덜 중요한 신체 조직이 파괴되어, 필요한 아미노산을 공급하게 됩니다. 이러한 과정이 지속되면 신체는 점점 위축되고, 피부의 탄성은 저하되고, 면역기능도 저하되며, 빈혈 등 단백질 결핍현상이 나타나게 됩니다. 특히 성장기 아이에게서 나타나는 극심한 단백질 결핍 상태를 '콰시오커'라고 하며, 여기에 열량 부족까지 동반된 상태를 '마라스무스'라고 합니다.

콰시오커는 북한, 아프리카 등 저개발국이나 식량 부족 국가의 성장기 아이들에게서 흔히 볼 수 있는데, 머리와 배만 크고, 팔 다리는 근육이 미처 형성되지 못하여 가늘고, 다리 부분에는 부종현상까지 나타나는 이른바 성장이 정지된 상태입니다. 혈액 내에 단백질 농도가 낮아짐에 따라 배에 복수가 차는 영양실조성 부종현상뿐만 아니라 머리카락의 변색, 피부의 염증현상, 신경계 이상 증상 등도 동반됩니다.

반면 단백질과 열량 모두 부족한 극심한 기아상태에서 나타나는 마라스무스 증상은 콰시오커와 약간 차이가 있는데, 주로 피하지방이 없고 전체적으로 심하게 마른 형태가 특성이며, 오히려 부종은 없고 피부, 간 기능은 비교적 정상적입니다.

단백질의 과잉 섭취 반대로 필요 이상으로 많은 단백질을 섭취하면 어떤 현상이 일어날까요? 우리 신체에 필요한 단백질 합성에 사용되거나 아미노산 저장고가 채워진 후에도 남는 단백질은 체내에서 지방으로 전환되어 지방조직에 축적됩니다. 게다가 동물성 단백질 식품은 포화지방산과 결합된 경우가 많아 동물성 단백질의 섭취가 많으면 포화지방산의 섭취 또한 많아질 수 있습니다.

또한 단백질은 아미노산을 분해하는 과정에서 노폐물이 나오게 됩니다. 이러한 노폐물이 우리 몸에 쌓이면 위험하므로 간에서 요소로 만들어 신장을 통해 배출하게 됩니다.

신장 기능이 안 좋은 경우 요소가 제대로 처리되지 못하고 체내에 남아 요독증을 일으키게 됩니다. 이럴 경우 단백질의 과도한 섭취를 삼가야 합니다. 뿐만 아니라 간 기능이 저하된 경우에도 단백질 분해 산물인 암모니아가 해독되지 못하고 혈관을 따라 뇌로 갈 경우 간성 혼수에 빠지게 되므로 이 또한 많은 단백질 섭취에 주의가 필요합니다. 또한 갱년기 이후 여성의 장기간 고단백 식사는 소변 내 칼슘 배설을 촉진하여 폐경으로 인한 골다공증을 촉진시킬 수 있으므로 주의가 필요합니다.

한 연구 결과에 의하면 소고기 600g을 얻기 위해서 사료로 사용되는 곡식과 콩의 양은 10kg 정도이며, 물은 한 가족이 한 달간 소모하는 양보다 많은 12,700*l* 라고 합니다. 최근에는 이렇게 집단으로 사육되는 가축들이 뿜어내는 이산화탄소와 메탄가스로 지구의 온도가 점점 높아진다는 보고도 있습니다. 따라서 단백질의 과잉 섭취는 건강에 유익하지도 않고, 지구환경을 파괴하며, 생태계마저 교란시킨다는 점을 잊지 마십시오.

아미노산의 불균형　건강한 사람의 경우 대사를 조절하는 다양한 호르몬의 영향으로 혈액 내 아미노산 농도가 일정하게 유지됩니다. 최근에는 아미노산 보충제를 건강 기능성 식품으로 판매하고 있지만 특정한 아미노산을 과량으로 섭취하게 되면 아미노산의 불균형이 초래되어 오히려 조절 호르몬의 분비 이상이나 다른 아미노산 대사 장애를 초래할 수 있습니다. 가급적 보충제보다는 식품으로 골고루 섭취하시기를 권합니다.

단백질을 공급하여 주는 식품

단백질은 식물성이나 동물성 식품 모두에 골고루 들어 있습니다. 특히 인체가 합성하지 못하여 매일 식품으로부터 공급받아야 하는 필수아미노산의 포함 여부에 따라 질 좋은 단백질과 불완전단백질 식품으로 구분합니다.

필수아미노산을 포함하는 단백질은 완전단백질이라고 하고, 한 종 이상의 필수아미노산이 결핍되거나 부족한 단백질은 불완전단백질이라고 합니다. 육류, 계란노른자, 우유, 생선, 치즈 등의 동물성 식품이나 맥주효모, 견과류, 콩류, 곡류의 배아 식품이 완전단백질 식품입니다. 반면 식물성 식품에 함유된 단백질은 불완전단백질입니다.

만약 두 가지 혹은 그 이상의 불완전단백질을 같이 먹는다면, 하나가 다른 하나의 결핍된 아미노산을 보완하여 완전하게 될 수 있습니다. 예를 들어 곡류에는 라이신과 트레오닌이 부족한 반면, 콩류에는 이들이 들어 있는 대신 메티오닌이 결여되어 있는데, 우유와 옥수수빵을 같이 먹게 되면 서로를 보충하여 주는 효과가 있습니다. 그러나 이러한 공급은 동시에 섭취해야만 효과가 있습니다. 시간 차를 두고 먹는 것은 의미가 없습니다. 따라서 몸 안에서 단백질 합성효율을 높이기 위해서는 매 끼니마다 모든 필요한 아미노산이 완벽하게 공급되도록 섭취하는 것이 중요합니다.

한편 단백질 식품에는 포화지방산이 함유되어 있어, 단백질의 과잉섭취에는 포화지방산의 과잉섭취가 동반될 수 있습니다. 예를 들어 소고기는 완전단백질

❖ 단백질 급원 식품과 단백질 함유량

곡류군	단백질을 약 2g 함유하고 있는 식품 종류 및 양					
	쌀밥 70g, 식빵 35g(1쪽), 옥수수 50g, 국수 90g(1/2공기), 감자 150g					

어육류군	비교적 지방 함유가 적은 단백질 식품					(단위: g)
	식품명	중량	단백질	식품명	중량	단백질
	소고기(살코기)	40	8	돼지고기	60	11.9
	가자미	70	15.5	조기	70	12.8
	대구	70	12.3	동태	70	12.3
	문어	90	12.4	오징어	80	15.6
	전복	80	11.5	대합	80	9.4
	굴	80	9.3	굴비	30	13.3
	닭고기	60	11.9	바닷가재	80	12.3
	중 정도의 지방 함유 단백질 식품					(단위: g)
	소고기(등심 등)	40	7.8	검정콩	20	6.9
	두부	80	6.7	순두부	200	7.2
	계란	50	6.3	고등어	70	14.1
	꽁치	70	13.7	갈치	70	13.0
	장어	70	13.7	청어	70	13.5
	지방 함유량도 높은 단백질 식품					(단위: g)
	소고기 갈비	60	11.3	돼지갈비	60	11.1
	햄	40	7.2	치즈	30	5.8
	생선통조림	50	8.3	유부	30	8

채소군	약 2g 정도의 단백질 함유 식품의 종류 및 양					
	당근, 상치, 오이, 아욱, 호박, 가지, 근대, 미나리, 부추, 양배추, 피망, 무 : 70g					

채소군	생표고 50g, 도라지 50g, 연근 50g, 더덕 25g, 우엉 25g				
우유군	우유	200	5.8	요구르트	180	5.8
	멸치	15	8	뱅어포	15	7.5

❖ 식물성 식품에 부족한 아미노산과 단백질 질 보충방법

식품	부족한 아미노산	단백질 보충 방법
콩류	메티오닌	옥수수 빵 또는 밥
곡류	리신, 트레오닌	콩밥, 팥밥
견과류	리신	콩국수에 들깨가루
야채류	메티오닌	비빔밥, 견과류 샐러드
옥수수	트립토판, 리신	카레라이스 + 옥수수

의 우수한 급원이지만 고기에 포함된 지방을 동시에 먹게 되므로 포화지방산도 동시에 섭취하게 됩니다. 따라서 소고기나 돼지고기는 가능한 지방이 적은 살 코기를 선택하고, 비교적 포화지방이 적은 닭고기, 생 선 등을 섭취하는 것도 좋은 방법입니다. 또한 우유나 유제품을 즐겨 먹는다면 전유보다는 무지방이나 저지 방 제품을 선택하면 좋습니다.

현명한 단백질 섭취 요령

1. 필요량 이상의 고단백 식사를 장기간 하면 오히려 신체에 부담을 주어 여러 가지 질환의 원인이 될 수 있으므로 적절한 양의 섭취가 중요합니다.

   예 주식을 정상적으로 섭취하는 성인의 경우 매일 고기류 200g 또는 생선 5Cm 크기 5토막 또는 두부 400g 정도의 양을 3식으로 나누어 섭취하면 됩니다.

2. 보신음식은 대부분 단백질뿐만 아니라 지방도 과잉섭취할 수 있으므로, 성장기 아동, 회복단계 환자, 운동선수 외에는 자주 섭취하지 않습니다.

3. 생선을 자주 먹습니다. 특히 고등어, 삼치, 꽁치와 같은 등푸른 생선에는 단백질뿐만 아니라 오메가3 지방산도 함유되어, 혈중 콜레스테롤을 낮추고, 피가 응집하는 것을 막아 심장혈관을 예방하여 줍니다.

4. 포화지방산이 많은 육류 부위는 소고기에선 등심
   이나 갈빗살, 돼지고기에선 삼겹살입니다. 따라서
   이 부위는 자주 섭취하지 않도록 하고, 가급적 살코
   기를 선택합니다. 닭은 껍질을 벗기고 먹는 것이
   좋습니다.

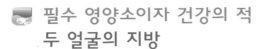

필수 영양소이자 건강의 적
두 얼굴의 지방

최근 들어 지방은 건강의 '공공의 적 1호'가 되었으며, 질병을 일으키고 사망에까지 이르게 할 수 있는 두려운 영양소로 인식되고 있습니다. 그리하여 지방을 적게 먹는 방법, 소화기관에서 지방의 흡수를 차단하는 약, 저지방 다이어트와 요리책에 엄청난 돈을 지출하고 있습니다. 그러나 지방은 우리 몸에서 가장 효율적인 에너지 저장 창고 역할을 하고, 세포막, 신경 보호막, 호르몬 등 인체의 필수 구성 성분이 되며, 지용성 비타민을 녹여 운반하는 작용을 합니다. 인체는 우리 몸에 필요한 지방의 대부분을 만들어 낼 수 있지만 몇 가지는 반드시 음식으로부터 공급받아야 하는데 이것을 필수지방산이라고 합니다.

우리 몸에서 지방을 찾아볼까요?

지방은 우리 몸에서 하나의 글리세롤과 3개의 지방산으로 연결된 중성지방의 형태로 저장됩니다. 그 외에도 세포막과 뇌조직 구성 성분이며, 스테로이드 계통 호르몬의 전구체이기도 한 콜레스테롤, 그리고 우리 몸에서 물과 기름이 섞이게 하는 중요한 매개체 및 세포막 지질의 구성 성분인 인지질이기도 합니다.

이러한 중성지방에 결합된 지방산의 종류에 따라 우리 몸에서 하는 역할이 다르고, 상호 간의 존재 비율에 따라 우리 신체 건강에 많은 영향을 주게 됩니다. 지방산은 물리적인 구조에 따라 분류하는데 우리 몸에서 존재하는 형태는 주로 포화지방산, 불포화지방산의 형태입니다. 상온에서 포화지방산은 고체형태로 불포화지방산은 액체형태로 존재하는데, 우리의 몸은 불포화지방산에 비해 포화지방산의 비율이 더 높습니다. 그래야만 포화지방산이 고체상태로 유지되어 우리의 얼굴과 체형이 일정한 형태를 유지할 수 있기 때문입니다. 만약 그렇지 않다면 우리의 얼굴과 체형은 일정한 형태를 유지하기가 어렵겠죠?

반면 세포의 막은 오히려 불포화지방산의 비율이 더 높아 세포 사이에 유동성을 유지할 수 있게 합니다. 또한 지방 함량은 남성은 체중의 15~18% 정도, 여성은 체중의 20~25% 정도로 여성의 지방 함량이 더 많은 편인데, 이는 여성의 몸에 지방이 어느 정도 있어야 생리를 하게 되고 임신이 가능한 상태가 되기 때문이죠. 뿐만 아니라 저장되었던 지방은 임신시 태아에게 주요한 에너지원이 되기도 합니다. 따라서 여성에게서 적당한 지방은 여성성을 유지하고 임신 중 아이에게 좋은 영양공급원 역할을 함으로써 종족 보존의 사명을 다하기 위한 필수 성분이기도 합니다.

필수지방산에 대하여

　체내에서는 합성되지 않거나, 합성되는 양이 부족하여 반드시 식품을 통하여 섭취해야 하는 지방산을 필수지방산이라고 합니다. 이러한 필수지방산에는 리놀렌산, 아라키돈산, 리노레산이 있습니다. 이 세 가지 종류의 지방산 모두가 불포화지방산으로 구조적으로 볼 때 탄소 원자를 연결하는 하나 이상의 이중결합을 가지고 있습니다. 이러한 이중결합의 위치에 따라 우리 몸에서 하는 역할은 다릅니다.

　그 중 머리에 좋다, 암에 좋다 하여 유명해진 오메가 3 지방산은 첫 번째 이중 결합이 끝에서부터(제일 끝에 있는 탄소를 오메가라고 합니다) 세 번째 탄소에 있다 하여 오메가 3 지방산이라고 명명되었습니다. 그러면 오메가 3 지방은 우리 몸에서 어떤 역할을 할까요? 첫째, 이들은 눈, 뇌, 그리고 정자세포의 세포막을 구성합니다. 둘째, 혈액응고, 동맥벽의 수축과 이완, 그리고 염증을 조절하여 주는 호르몬의 전구체 역할을 하여 루푸스, 습진 및 류머티즘 관절염을 조절하며, 암에 대한 보호역할을 할 수 있다고 합니다. 또한 일부 정신의학자들은 오메가 3 지방산을 "Happy Fats", 즉 행복한 지방이라고 부르기도 합니다. 조셉 힙벨른(Joseph R. Hibbeln) 박사는 1984년 두뇌를 해부하여 두뇌의 60% 정도가 지방질이며 그 대부분이 오메가 3 지방산 중에 DHA로 구성되어 있고, 이 DHA의 결핍이 우울증과 폭력행위 등 정신질환과 관계 있음을 밝혀냈습니다. 최근에는 오메가 3 지방산으로 정신질환 치료를 시도하고 있습니다.

무엇보다도 오메가 3 지방산의 효능이 가장 잘 입증되고 널리 알려진 것은 심장혈관질환 예방 효과입니다. 덴마크 의사인 크로그(Krogh) 박사가 그린란드인의 지방섭취가 매우 높음에도 불구하고 심장병 발병률이 낮은 사실을 발견하고 연구한 결과, 그들이 주식으로 먹는 생선과 고래 등에 함유된 오메가 3 지방산이 심장의 불규칙한 박동을 예방하고, 동맥 내에서 혈액 중 혈전(심장 발작의 원인이 됨)의 생성을 줄여 주며, 혈중 콜레스테롤과 다른 지방 입자들의 균형을 개선시키고, 염증(죽상경화증의 원인이 됨)의 생성을 막아 주어 심장 질환을 예방하는 인자임을 밝혀내 노벨상을 수상한 바 있습니다.

뿐만 아니라 생선섭취가 적은 나라에서 산후우울증 발생률도 50배나 높은 것으로 나타났습니다. 즉, 임신 중에 태아의 두뇌 형성에 필요한 오메가 3 지방산을 산모에게서 공급받게 되는데, 산모가 오메가 3 지방산을 충분히 섭취하지 못할 경우 출산 후 산모는 이 지방산이 결핍되기 쉽고, 그로 인해 산모가 산후우울증을 겪을 수 있다고 합니다. 뿐만 아니라 태아의 뇌와 신경계를 형성하는 데 오메가 3 지방산이 매우 중요한 역할을 하기 때문에 미리 좋은 태아를 위해서도 임산부나 임신 계획이 있는 여성의 경우 매일 오메가 3 지방산을 섭취할 필요가 있습니다.

좋은 콜레스테롤, 나쁜 콜레스테롤

흔히 콜레스테롤은 아주 나쁜 것으로 인식하고, 심혈관계 질환의 원흉으로 지목하고 있지만 콜레스테롤 또한 우리 몸의 필수 성분입니다. 콜레스테롤은 호르몬의 재료가 되고, 뼈의 건강을 돕는 비타민 D 합성에 일부 사용되고, 세포막과 뇌조직 구성에 필수 성분이 됩니다. 콜레스테롤은 간에서 50%, 소장에서 25%, 그 외 나머지 조직에서 합성됩니다.

음식으로부터 흡수된 콜레스테롤의 양에 따라 간에서 합성되는 콜레스테롤의 양은 조절이 됩니다. 혈중 콜레스테롤 수치가 너무 낮으면 사망 위험이 더 높아진다는 연구 결과도 있습니다.

콜레스테롤 중에 몸에 좋은 콜레스테롤과 나쁜 콜

레스테롤이 있는데, 좋은 콜레스테롤은 HDL 콜레스
테롤, 나쁜 콜레스테롤은 LDL 콜레스테롤입니다.
HDL 콜레스테롤은 인체에 과잉 축적되는 콜레스테
롤을 수거하여 간으로 운반하여 배설시키는 반면,
LDL 콜레스테롤은 인체에 콜레스테롤이 초과하여 쌓
이게 하는데 특히 동맥벽에 쌓이게 되면 심장혈관계
질환을 일으키는 원인이 됩니다.

지방과 건강

심혈관질환　심혈관계 질환은 주로 동맥혈관 내벽에
지질과 혈액응고물 등이 쌓이면서 혈관벽이 굳어지고
탄력이 없어지는 동맥경화증에 의해 시작됩니다. 이
러한 동맥경화가 심장근육에 분포한 관상동맥에서 발
생하면 심장마비를, 뇌로 가는 혈관에서 발생하면 뇌
졸중을 일으키게 됩니다. 물론 이러한 심혈관계질환
의 위험인자로는 가족력, 스트레스, 성격, 흡연, 당뇨

등도 있지만 영양적 요인, 즉 혈액 내 중성지방이나 콜레스테롤이 증가하는 고지혈증을 주요 원인으로 꼽고 있습니다.

2008년도 한국 통계청의 자료에 의하면 최근 우리나라에도 심혈관질환 환자수가 급증하고 있는 것을 알 수 있습니다. 먹을거리가 풍부해지고, 육류 위주의 서구식 식사로 변화되고 있는 시기와 일치하고 있음을 볼 때, 심혈관질환과 지방 섭취는 관련성이 있다고 판단됩니다.

암   많은 역학적 연구에서 대량의 지방 섭취가 유방암과 결장암, 전립선암 발생에 관련이 많은 것으로 밝혀졌습니다. 이러한 결과를 설명할 수 있는 가설은 지방을 많이 섭취하면 에스트로겐(estrogen) 호르몬으로 전환이 증가하고 이것이 유방암 발생에 영향을 줄 수 있을 것으로 추측합니다. 또한 담즙산염 배설 증가의 자극으로 결장 내 세균으로부터 발암물질의 생성을 증가시킬 수 있다고 보고되고 있습니다. 불포화지방산은 대사과정에서 생성되는 자유기(free radical)와 과산화지질의 생성을 증가시키는데, 이러한 성분들은 체내의 항산화효소에 의해 중성화되지 못하면 세포막의 안전을 위협하여 암 발생 기회를 증가시킬 수 있습니다.

지방간　　정상적인 간의 경우 지방이 5% 정도 함유되어 있는데 이보다 많은 지방이 간에 축적된 상태를 지방간이라고 합니다. 지방간은 지방의 섭취가 직접적인 원인이기보다는 과음으로 인한 알코올성 지방간 비만, 당뇨병, 고지혈증과 같은 대사성장애 등이 원인입니다. 특히 알코올을 많이 섭취하게 되면 간에서 지방 합성이 촉진되고 정상적인 에너지 대사가 이루어지지 않아 발생하게 되는 알코올성 지방간은 청, 장년기 남성에게 흔히 나타나게 됩니다.

우리 몸에 지방이 부족하게 된다면? 지방 섭취에서 중요한 것은 매일 음식으로 꼭 섭취되어야 할 필수지방산입니다. 실제로 필수지방산이 부족한 쥐들을 보면 과도한 양의 물을 마시고 이것을 몸에 보유하는 경향이 있다고 합니다. 또한 이러한 쥐의 털은 매우 건조하고 가늘어지며, 피부는 두껍고 건조하며 비늘처럼 벗겨지고, 얼굴은 비듬투성이가 됨을 관찰할 수 있었습니다. 더욱 무서운 것은 암컷의 경우 난소가 손상되어 배란, 생식, 수유 등에 지장이 오며, 수컷의 경우에는 성욕을 잃어 교미를 거부하게 된다고 합니다. 또한 성장기 쥐에게 필수지방산이 결핍되면 성장이 눈에 띄게 저조해지고 지속적으로 결핍되면 조기 사망을 초래하는데, 이들을 해부해보면 100%가 신장이 파괴되어 있었다고 합니다. 사람의 경우에는 단기간 필수지방산이 부족한 식사를 계속한 경우 몸에 습진이 생기고 얼굴에 마른버짐이 생겨나는 것을 관찰할 수 있었다고 합니다.

지방이 장으로 흡수될 때, 쓸개에서 담즙을 배출합니다. 지방이 공급되지 않으면 쓸개는 저장되어 있던 담즙을 그대로 가지고 있게 되고, 결국 담석으로 변하게 됩니다. 결국 지방이 없는 식생활을 오래 계속하면 쓸개는 줄어들거나 위축되다가 퇴화합니다. 그러나 더 큰 문제는 지방과 담즙이 없이는 지용성 비타민 A, D, E, K가 혈액 속으로 흡수되지 못하기 때문에 이러한 비타민 결핍증까지 유발한다는 사실이지요.

또한 저장된 지방의 일부 중 신장 주위의 지방은 신장을 지탱하여 주고, 피부 바로 아래의 얇은 지방층은 근육과 신경을 보호하고 체온 유지를 도와줍니다. 따라서 마른 사람의 경우 쉽게 추위를 느끼는 이유가 여기에 있습니다. 또한 비축된 지방은 와병 중이나 충분한 식사를 못할 때 언제나 귀중한 에너지 급원이 됩니다. 뿐만 아니라 여성의 경우에 체내에 저장되었던 지방이 고갈되면, 무 월경이 될 수 있어 자녀 생산에 지장을 초래할 수 있으므로 주의가 필요합니다.

심혈관질환의 원흉으로 지목받는 콜레스테롤은 어떤가요? 콜레스테롤이 부족하게 되면 성호르몬의 생산이 원활하지 못하게 되고 심지어는 우울증을 유발한다는 연구도 있으므로 과도하지 않은 범위 내에서 섭취하는 지방 또한 없어서는 안 되는 우리 몸의 영양소입니다.

골라먹자 지방 식품

왜 지방이 건강의 적이 되어버린 걸까요? 식품가공산업과 외식산업이 발달하면서 음식의 경쟁 요소가 "맛"이 되었고, 식품산업은 지방의 고소하고 바삭한 맛으로 소비자를 유혹하게 되었습니다.

현대인의 지방 섭취량은 수렵과 농경시대에 비해 4배 이상 증가하였다고 합니다. 이렇게 증가된 양은 결국 몸 안에서 지방조직으로 축적되어 비만을 초래하며, 더 큰 문제는 포화지방산, 즉 동물성 식품에 포함되거나 팜유, 코코넛유 등으로 가공된 식품을 통해 섭취되는 포화지방산과 기능 이상을 초래하는 변질된 트랜스지방의 섭취, 그리고 일상에서 크게 의식하지 않지만 더 위험한 산패된 기름의 섭취 등이 건강에 가장 큰 적이 될 수 있으므로 이제는 지방 식품을 골라 먹어야 하겠습니다.

포화지방산 식품   포화지방산은 상온에서 하얀 고체 형태로 존재하며 주로 마블링이 촘촘히 박힌 부드러운 꽃등심, 삼겹살, 차돌박이 등 동물성 식품에 많이 함유되어 있습니다. 라면에 사용되는 팜유, 커피 크림으로 사용되는 코코넛유는 식물성 식품이지만 포화지방산입니다. 이런 포화지방산은 섭취 후 소화를 더디게 하며 혈관에 침착되어 뇌, 심장혈관계질환이나 암을 유발하는 것으로 연구 보고되고 있습니다.

단일불포화지방산 식품   불포화지방산 중 이중결합

이 하나만 존재하는 경우 단일불포화지방산이라고 합니다. 이 지방은 상온에서 액체 형태로 존재합니다. 최근 건강식품으로 각광을 받고 있는 올리브유가 단일불포화지방 함량이 높은 대표적인 기름입니다. 5천여 명의 이탈리아 사람을 대상으로 연구한 결과에서 올리브유를 많이 먹을수록 혈당치, 혈중콜레스테롤, 수축기 혈압이 모두 낮아지는 것으로 나타났습니다. 이러한 연구결과를 근거로 올리브유가 건강식품으로 각광을 받게 되었습니다.

미국식품의약국(FDA)에서 올리브유를 하루에 두 숟가락씩(23g) 섭취하면 관상동맥질환(심장병) 위험을 줄일 수 있다는 일부 과학적 증거를 인정한 바 있습니다. 단, 주의할 점은 다른 기름이나 고기 등에 포함된 기름류는 섭취하지 않고 정상 체중을 유지해야 한다는 전제가 있습니다. 또 하나 이렇게 건강에 효과 있는 단일불포화지방산은 호두나 카놀라유, 연어 등에도 포함되어 있어, 값비싼 올리브유만을 고집할 필요는 없습니다.

다중불포화지방산 식품　　이중결합이 두 개 이상인 경우는 다중불포화지방산이라고 하며 다중불포화지방산 식품 역시 상온에서 액체 형태입니다. 다중 불포화지방산 식품은 오메가 6, 오메가 3 계열 식품으로 분류되며, 우리 몸에 필요한 필수지방산의 공급원으로 매우 중요한 식품입니다. 오메가 6 계열 식품은 옥수수유나 콩기름과 같은 식물성 기름이며, 오메가 3 식품으로는 연어, 고등어, 청어, 정어리와 같이 등푸른 생선입니다. 특히 오메가 3 식품, 즉 생선을 자주 먹으면 혈액의 응고를 줄이고 혈액의 점성을 저하시키므로 심장병의 위험을 감소시키는 것으로 많은 연구 결과가 나와 있어 오메가 3에 대한 효능은 어느 정도 과학적으로 입증되었습니다.

　그러나 식품업체에서는 식품의 저장기간을 늘리기 위하여 기름이 산패하지 않도록 의도적으로 식물성 기름에 들어 있는 오메가 3 지방산을 파괴합니다. 이 과정에서 결국 트랜스지방산이 생성되기도 합니다. 게다가 오늘날의 소고기나 닭고기는 이전보다 오메가 3 지방산을 적게 함유하고 있는데, 그 이유는 오메가 3 지방산이 많은 야생 식물이나 씨앗 대신 오메가 3 지방산이 적은 곡물 사료로 키우기 때문입니다. 따라서 오메가 3 지방산의 가장 훌륭한 공급원인 등푸른 생선을 일주일에 1마리, 2회 정도 먹을 것을 권장하고 있습니다.

트랜스지방산 식품

트랜스지방이 식품산업으로 사용된 역사는 아주 오래 되었지요. 1869년 나폴레옹 3세가 전쟁시 식량으로 사용하기 위한 물자로 버터를 장기간 변질되지 않게 만들도록 명령하였고, 이에 당시 과학자들이 액체 유지를 고체로 만들 수 있는 방법을 이용하여 마가린이라는 버터 대용품을 만들게 된 것이 시초라고 할 수 있습니다. 1950년부터는 대량 생산이 가능해지면서 식품산업에 널리 이용되었습니다.

트랜스지방은 우리 신체의 불포화지방산이 있어야 할 곳에 자리를 차지하고 불포화지방산의 역할은 하지 못하게 합니다. 특히 포화지방산과 마찬가지로 트랜스지방은 우리 몸에서 나쁜 LDL콜레스테롤의 수치를 높입니다. 동시에 좋은 콜레스테롤로 알려진 HDL 콜레스테롤의 수치는 저하시킵니다. 궁극적으로 심장병과 연관이 있어 건강에 좋지 않습니다. 게다가 트랜스지방은 심장이나 뇌, 그리고 혈관 내부에서 더 쉽게 피를 엉기게 만듭니다. 뿐만 아니라 우리 몸은 트랜스지방산을 이물질로 인식하여 과도하게 면역시스템이 가동하게 되고, 그 결과 불필요한 염증을 발생시키기도 합니다.

무엇보다 과학적 근거가 확실하게 알려진 것은 트랜스지방 섭취가 늘수록 심혈관계질환의 발병률이 높아진다는 것입니다. 그 외에 당뇨병이나 암, 알레르기, 면역저하와 같은 질병과도 관련이 있다는 연구는 있으나, 과학적 근거에 대해서는 아직까지 의견이 분분합니다. 최근 영국 브리스톨 왕립병원에서는 트랜스지방산이 아토피를 발생시킨다고 보고하고 있으며, 어린이들에게 많은 양의 트랜스지방산 섭취는 결국 뇌세포에 영향을 주어 주의력을 결핍시키고 과잉행동장애 증상까지도 유발시키는 것으로 추정하고 있습니다.

또한 식품 가공에 첨가되어 우리도 모르게 많은 양을 섭취할 수 있어 비만을 초래합니다. 세계보건기구에서는 보통 성인의 경우 평균적으로 하루 2,000kcal의 열량을 섭취한다면 트랜스지방은 2.2g 이하로 섭취하도록 권장하고 있습니다. 이는 찻숟가락 1/2 정도의 양으로 크루아상 1/2개 정도 먹는 분량으로 보시면 되겠습니다.

콜레스테롤이 함유된 식품

콜레스테롤이 많이 함유된 식품 하면 단연 "달걀"입니다. 한 개의 달걀노른자에 200mg 이상의 콜레스테롤이 함유되어, 한 개만 먹어도 콜레스테롤의 섭취 권장량인 300mg의 2/3에 해당하니 콜레스테롤의 대표 식품이 되었습니다. 달걀 외에 오징어, 버터, 생크림, 게, 새우 등에 콜레스테롤이 많이 함유되어 있습니다.

한편 혈중 콜레스테롤의 농도를 증가시키는 요인으로 식품 중에 함유된 콜레스테롤 함량 못지않게 포화지방산 역시 영향을 줄 수 있습니다. 예를 들어 콜레스테롤 함량은 높지만 포화지방산이 적게 들어 있는 새우보다는, 콜레스테롤 함량은 적으나 포화지방산이 많은 소고기, 돼지고기 등 육류가 혈중 콜레스테롤을 높일 수 있다는 것입니다. 따라서 혈중 콜레스테롤을 낮추려면 콜레스테롤 섭취량뿐만 아니라 포화지방산 섭취량도 함께 줄여야 합니다. 달걀만 주의하는 것이

지방의 형태	상온에서의 상태	주요 급원 식품
단일불포화지방	액체	올리브 및 올리브유, 카놀라유, 아몬드, 땅콩류, 호도, 잣, 등
다중불포화지방	액체	옥수수유, 콩기름, 참기름, 들기름, 생선유
포화지방	고체	전유, 버터, 치즈, 붉은 육류, 초콜릿, 코코아, 팜유, 코코넛유
트랜스지방	고체 또는 반고체	대부분 마가린, 쇼트닝, 튀김 스낵, 대부의 제빵류, 도넛, 제과류
콜레스테롤	고체	계란, 새우, 육류 내장류, 오리알, 장어, 명란, 창란, 오징어류, 계란으로 만든 제빵, 제과류, 마요네즈

아니라 포화지방산이 높은 식품 또한 동시에 주의하여야 합니다.

한편 식물성 식품에는 콜레스테롤이 없습니다. 따라서 식물성 기름에 "우리 기름에는 콜레스테롤이 없다"라는 광고가 있었는데, 당연한 사실을 광고한 경우가 되겠습니다.

더 위험한 산패된 기름

　기름이 공기 중에 오래 노출되면 산소에 의해 산패
되는데, 이렇게 산패된 기름을 먹게 되면 건강에 위해
합니다. 절대로 산패된 기름을 먹지 않는다고 자신하
지만 실상을 보면 그렇지 않습니다. 햄, 소시지, 베이
컨 등 육류가공품들은 가공과정에서 포함된 지방산이
산소에 노출되면서 산패가 되었을 것이고, 튀김으로
사용한 기름도 여러 번 사용한다거나, 그렇게 여러 번
사용한 기름으로 튀겨진 음식을 먹는다거나, 감자칩,
옥수수칩, 팝콘 등도 제조기간이 경과할수록 산패가
진행됩니다. 맥주 안주나 어린아이들의 간식거리로
많이 먹는 닭튀김의 경우에는 기름의 종류가 중요한
것이 아니라 산패되지 않은 기름으로 튀기는 것이 더
중요함을 소비자들은 알아야 할 것입니다.

　뿐만 아니라 식물성 기름 또한 우리 몸에 필요한 필
수지방산을 제공하여 매우 유익한 식품이지만 정제과

정이나 보관과정에서 산패가 빨리 진행되는 식품이므로 조금씩 압착법으로 짜서 단기간에 사용하는 것이 더 좋습니다. 보관시에도 갈색병에 넣어 냉장고에 보관하도록 합니다. 그리고 튀길 때에도 기름의 온도가 180도를 넘지 않도록 하여야 합니다. 올리브유의 경우 발연점이 낮으므로, 튀김에 사용할 경우 산패의 위험이 높아질 수 있으므로 주의가 필요합니다.

현명한 지방 섭취 요령

1. 불포화지방산으로의 섭취가 중요하므로, 식물성기름인 참기름, 들기름, 올리브유, 카롤라유, 포도씨유로 매일 3~4 찻술 정도 먹도록 합니다.
2. 견과류나 씨앗류(호두, 잣, 콩, 땅콩, 아몬드 등)는 좋은 필수지방산의 급원이므로 간식으로 좋지만 열량이 많으므로 한 번에 호두 2개, 아몬드 6알, 땅콩 12알 정도를 하루에 1~2회 섭취하도록 합니다(이

경우 기름의 섭취는 약간 줄입니다).

3. 산패된 기름을 절대로 먹지 말아야 합니다. 특히 노점이나 패스트푸드 식당에서 파는 튀김류 등은 대개 포화지방이 많은 기름에 튀기고 기름을 계속 재사용해 산패의 우려가 높아 건강에 좋지 않습니다. 따라서 집에서 깨끗한 기름으로 가끔 해먹는 것이 좋고, 견과류나 유지류는 신선한 것으로 구입하여 짙은 색 용기에 넣어 뚜껑을 잘 닫아 냉장고에 보관하도록 합시다.

4. 식품가공과정에서 사용하는 트랜스지방은 심혈관 질환 발생의 위험을 증가시키므로 감자튀김이나 도넛, 닭튀김, 패스트리, 케이크의 섭취를 가급적 줄이는 것이 좋습니다.

5. 육류에 포함된 포화지방산은 건강에 좋지 않으므로 마블링이 많은 부위, 즉 안심, 등심, 삼겹살보다는 살코기를, 닭껍질 부위보다는 닭가슴살을 섭취하도록 합니다.

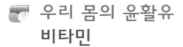

우리 몸의 윤활유 비타민

1910년 영국의 홉킨스 박사는 그 당시까지 발견된 영양소를 배합하여 만든 정제식사(당질+단백질+지질+무기질)로 쥐를 키운 결과 시간이 경과할수록 각종 질환을 앓게 되면서 4주 이상 생존시키기가 어려웠으나, 여기에 우유를 보충해 준 결과 건강이 회복됨을 관찰하였습니다. 그 후 홉킨스 박사는 이렇게 질병을 치유한 미지의 물질이 유기물질이며, 알코올 성분에 녹는 특성을 지닌 '비타민 A'임을 규명하였고 이 공로로 1929년 노벨상을 받았습니다.

한편 1912년 폴란드의 생화학자 카시미르 풍크는 쌀겨에서 각기병에 효과가 있는 성분을 분리하고는 '생명에 필요한 아민'이란 뜻으로 '비타민(Vitamine)'이라고 이름 붙였습니다. 나중에 비타민과 아민은 별 관계가 없다는 것이 밝혀지면서 'e'가 떨어져 나가게 됐지요.

이후 나쁜 균이나 미생물이 몸으로 들어와 질병이 발생한다는 기존의 개념에서 몸 안에 있어야 할 성분의 결핍으로도 질병이 발생할 수 있다는 개념이 확산되면서, 점차 다른 종류의 성분들이 규명되었고 당시 불치의 병으로 알고 있던 각기병, 괴혈병, 펠라그라, 구루병, 야맹증 등이 비타민 결핍에 의해서 비롯된 질병이며 부족한 비타민을 보충해 줌으로써 완치됨이 증명되었습니다.

비타민은 우리 몸에 소량만 있으면 되는 미량 영양소이지만 당질, 단백질, 지방 영양소가 체내에서 대사하는 과정에 관여하며, 여러 가지 생화학적 반응에 촉

매 역할을 하는 필수영양소입니다. 인체 내에서 필요로 하는 비타민의 양은 찻숟가락 하나 정도에 불과하지만 체내에서는 만들 수 없기 때문에 반드시 식품에서 섭취해야 합니다.

비타민은 지용성 비타민과 수용성 비타민으로 분류되는데, 비타민 A, D, E, K는 지용성으로 이를 흡수하고 이용하기 위해서는 지방이 필요하며, 과잉섭취시에는 소변을 배설하지 못해 독성이 나타날 수 있습니다. 한편 물에 녹는 비타민 B군과 C는 수용성 비타민으로 식품의 저장과 가공, 조리과정에서 쉽게 손실되는데, 일단 섭취되면 체내로 쉽게 흡수되어 사용되며 지나친 양은 땀과 소변으로 배설되므로 지속적으로 공급되어야 합니다. 비타민은 식품을 통해 섭취하는 것이 흡수율도 높고 과량 복용에 대한 부작용도 줄일 수 있습니다.

지용성 비타민

지용성 비타민은 섭취나 흡수, 대사과정이 지방 섭취를 통한 과정과 밀접한 관련이 있습니다. 건강한 성인의 경우 지용성 비타민의 흡수율은 40~90% 정도이며 소변으로 배설되지 않고 체내에 상당량 저장이 가능합니다. 따라서 저장량이 지나치거나 섭취량이 지속적으로 과한 경우 독성이 나타날 수 있으므로 약제 형태로 장기간 섭취하는 것은 주의하여야 합니다.

비타민 A   비타민 A의 중요한 작용은 신체의 내부 표면을 덮고 있는 피부 세포를 유지하고, 백혈구의 생성과 활성을 증가시키며, 직접적인 뼈의 재형성을 돕는 것입니다. 또한 세포의 성장과 분화를 돕습니다. 이 작용을 통해 정상적인 세포가 암세포로 변하는 것을 막아주는 것으로 생각됩니다. 그러나 비타민 A는 어떤 한계치에 도달하면 그 이상을 섭취해도 추가적인 이로움은 없고 오히려 뼈에 해로울 수 있습니다. 왜냐하면 다량의 비타민 A 생성과 유리에 관여하는 비타민 D의 효과를 차단할 수 있기 때문입니다.

비타민 A 중 레티놀 형태는 동물성 식품에서만 발견됩니다. 반면 과일과 채소, 즉 식물성 식품에 풍부하게 들어 있으면서 체내에서 비타민 A로 전환되는 성분으로 베타카로틴이 있는데, 최근 이 베타카로틴에 항산화 효과가 있는 것으로 밝혀지면서 건강 영양소로 주목받고 있습니다.

비타민 D   한때는 비타민 D의 역할이 칼슘과 인을 흡수하고 보유하는 것을 돕는 것으로만 알려져 있었으나, 최근에는 비타민 D의 광범위한 중요성이 새롭게 거론되고 있습니다.

비타민 D를 정확히 말하자면 비타민이라기보다는 피부에서 만들어지는 호르몬에 가깝습니다. 햇볕을 쪼이게 되면 피부에서 비타민 D 전구체가 만들어져서 간, 신장이나 시장, 면역계, 유방, 전립선 세포에 의해 활성화됩니다. 비타민 D 또한 칼슘과 똑같은 수준으로 뼈의 생성에 도움을 주는데, 칼슘뿐만 아니라 다른 뼈의 구성 성분인 인이 흡수되는 것을 도와줍니다. 뿐만 아니라 신장에 신호를 보내어 이 두 가지 무기질을 소변으로 배출하지 않고 재흡수되게 합니다. 또한 뼈의 파괴를 억제하여 줍니다. 실제로 칼슘을 많이 먹는 것보다 비타민 D를 제대로 섭취하는 것이 노인의 골반이나 손목 등의 골절을 감소시키는 데 기여하는 것으로 보고되기도 하였습니다.

이 외에도 비타민 D는 근육을 튼튼하게 도와줌으로써 뼈를 지지하는 데 도움을 주고 심장을 튼튼하게 하여 혈압을 정상으로 유지하는 데 도움을 줍니다. 북반구의 위도 40도 위쪽 지역에 사는 사람들을 제외하고 하루에 단 몇 분씩이라도 강렬한 햇볕을 쬘 수 있다면 충분한 양의 비타민 D를 만들 수 있습니다. 그러나 하루 종일 실내에서 일하며, 해가 가장 높을 때 단 15분

정도의 산책도 하지 않는 경우, 관절염이나 다른 만성 질환으로 거동이 불편한 경우에는 비타민 D가 권장량에 미달되기도 합니다. 또한 피부색이 진할수록 인체에서 비타민 D로 전환하는 능력이 떨어진다고 합니다. 최근에는 자외선 차단제도 비타민 D의 합성을 방해하는 요인이 되고 있습니다. 따라서 이렇게 햇볕을 쬘 수 없는 환경에서 비타민 D를 얻기 위해서는 보충제를 먹는 방법도 권장됩니다.

비타민 E   초기에 집중적인 스포트라이트를 받다가 정작 나온 임상실험 결과는 다소 실망스러웠다는 점에서 비타민 E는 베타카로틴과 비슷합니다. 실제로 대규모 '간호사 건강 연구'와 '건강관련 종사자 추적 연구'에서 비타민 E 보충제를 최소한 2년 동안 하루에 1,001IU 복용한 여성과 남성들에게서 심장병 발병률이 낮았다고 보고된 바 있습니다. 그러나 많은 연구결과는 심장병이나 뇌졸중을 고용량의 비타민 E에만

의존하는 것은 현명하지 않다는 것입니다. 또한 비타민 E는 항산화 효과 때문에 항암제로도 제안되었으나 대부분의 연구 결과 이로운 점을 발견하지 못하였고, 다만 소수의 연구에서 결장암과 전립선암의 위험도가 낮아짐을 보여주고 있습니다.

문제는 베타카로틴, 비타민 C, 그 외 다른 항산화제 비타민과 다르게 비타민 E는 보호 효과가 있다고 여겨지는 수준의 양이 식품에서만 충당할 수 없다는 사실입니다, 즉 비타민 E 400IU를 얻기 위해서는 일반적인 종합 비타민과 함께 비타민 E 보충제를 별도로 복용하여야 합니다. 미국 의학 연구소는 비타민 E는 하루에 1,000mg(천연 비타민 E는 1,500IU)까지는 안전하다고 결론지었습니다. 그러나 비타민 E는 혈액의 응고 능력을 감소시킬 수 있으므로 혈액응고방지제를 복용하는 경우 비타민 E 보충제를 복용하기 전에 주치의와 상의하여야 합니다.

비타민 K   그 동안 비타민 K는 주로 혈액 응고를 조절하는 단백질의 형성에만 필요한 것으로 알려졌습니다. 즉, 이 지용성 비타민은 혈액 응고에 필요한 13가지 단백질 중 6개를 만드는 데 도움을 줍니다. 식사에서 섭취한 비타민 K는 함께 섭취한 지방의 양, 담즙의 작용 등에 따라 흡수율이 달라집니다.

또한 비타민 K는 장벽 세포에 존재하는 칼슘 결합 단백질 형성에 관여하기도 합니다. 따라서 비타민 K 또한 칼슘의 조절과 뼈의 형성 및 유지 역할을 하는 것으로 밝혀졌습니다. 그러므로 비타민 K가 부족하여도 골다공증이 발생할 수 있습니다. '간호사 건강 연구'에서도 비타민 K를 많이 섭취하지 못한 여성들이 많이 섭취한 여성보다 골반 골절이 두 배가 높았음을 보여주고 있습니다.

이러한 비타민 K는 주로 짙은 녹색의 양상추, 브로콜리, 시금치, 아기양배추, 케일 등 녹색 채소에 들어 있습니다. 이런 식품을 하루 한 번 이상 섭취하면 하루 필요한 비타민 K는 충분히 공급할 수 있습니다.

수용성 비타민

수용성 비타민은 물에 잘 용해되기 때문에 수용성이라고 명명하였다고 합니다. 이러한 수용성 비타민은 지용성 비타민보다 체외로 쉽게 배설되므로 과잉증은 없으나, 반대로 식사에서 부족하게 되면 결핍증에 걸리기 쉽습니다. 뿐만 아니라 가열조리 과정이나 알칼리 조건에서 쉽게 파괴되거나 손실률이 높기 때문에 섭취나 취급 방법에 주의가 필요합니다.

비타민 C   감기 초기 증상에 비타민 C를 복용하여 본 경험이 있으신가요? 비타민 C는 감염을 조절하는 역할을 합니다. 또한 콜라겐 형성을 도와줍니다. 콜라겐은 건강한 뼈, 인대. 치아, 잇몸, 혈관을 위해 필요한 물질이며, 뇌와 신경에서 사용되는 여러 호르몬과

화학전달물질을 만드는 데 관여합니다. 비타민 C는 인체에서 많은 자유 라디칼과 산화제를 무력화하는 항산화제 역할을 합니다.

지금으로부터 500여 년 전, 신대륙을 발견하기 위해 해운활동이 많던 시절에, 약 200만 명의 선원들이 괴혈병으로 인해 사망한 적이 있습니다. 그러던 중 괴혈병은 감귤류 과일을 먹음으로써 예방할 수 있다는 사실을 알게 되었고, 1932년경에 괴혈병을 물리치는 감귤류의 활성물질이 비타민 C임이 밝혀지게 되었습니다. 그러나 비타민 C를 너무 많이 섭취할 필요는 없습니다. 우리 몸은 비타민 C를 한 번에 약 1,500~3,000mg 정도밖에 저장할 수 없으며 그 이상 되면 밝은 노란색의 소변으로 배출합니다.

비타민 B군　비타민 B군에는 총 여덟 가지가 있는데, 티아민, 니아신, 리보플라빈, 판토텐산, 비오틴, B6, B12, 엽산입니다. 이들은 우리 몸에 있는 효소들이 탄수화물이나 지방, 단백질의 에너지대사 및 단백질 합성, 그 외 영양소를 세포로 운반시켜 주는 역할 등을 잘 하도록 돕는 역할을 합니다.

의사 건강 연구에서는 높은 호모시스테인 수치가 심장발작을 일으킬 확률을 세 배나 증가시키는 것으로 나타났습니다. 즉, 높은 수치의 헤모시스테인은 심장병의 위험인자로 주목받게 되었는데, 비타민 B군 중 엽산, B6, B12, 이 세 가지는 호모시스테인을 재활용하여 해롭지 않은 아미노산으로 바꾸어 줍니다. 결국 이 비타민들 중 하나 이상 부족한 식습관은 호모시스테인 수치를 높이고 나아가 심장병의 위험을 상당히 높일 가능성이 있다는 것입니다. 또한 여러 연구들은 호모시스테인으로 인해 동맥이 좁아지는 것은 뇌졸중으로 이어질 수도 있으며, 이 세 가지 비타민의 섭취는 이런 현상을 막아줄 수 있을 것이라고 제안하고 있습니다.

| 비타민 B6 |　　이 비타민은 대부분 단백질을 만드는 구성 물질인 아미노산의 합성과 분해에 관여합니다. '영국 의학회지'의 한 리뷰에서는 하루에 50~100mg 의 비타민 B6 섭취는 월경 전 증후군의 일부인 신체적 증상과 우울증을 개선시킬 수 있음을 보여 주고 있습니다. 비타민 B6의 한 형태는 아미노산의 트립토판을 세로토닌으로 전환하는 것을 돕는데, 세로토닌은 뇌와 신경계가 사용하는 중요한 화학전달물질이기 때문에 비타민 B6는 우울증, 주의력 결핍장애, 그리고 다른 세로토닌 관련 문제의 치료제로 시험되어 왔습니다.

| 비타민 B12 |　　20세기 초 악성 빈혈은 끔찍하고 치명적인 질병이었습니다. 악성 빈혈은 창백함과 피곤함으로 시작하여 점차 팔다리의 저림과 무감각, 기억력 감퇴, 부위 감각 상실, 그리고 환각증상까지 수반합니다. 이러한 악성빈혈의 주요 원인은 비타민 B12

의 결핍입니다. 비타민 B12의 부족은 호모시스테인의 축적으로 이어지므로 심혈관계질환의 원인이 되기도 합니다. 비타민 B12는 동물성 식품에서만 발견되기 때문에, 채식주의자들에게 비타민 B12의 결핍이 나타나는 경향이 있습니다.

다행히 50세 정도까지는 인체에 충분한 비타민 B12가 축적되기 때문에 식품으로부터의 흡수가 떨어진다 하여도 수년은 버틸 수 있다고 합니다. 위를 절제한 환자, 염증성 장염이나 후천성 면역 결핍증에 걸린 사람들은 식품으로부터 비타민 B12를 흡수하는 데 문제가 있으며, 과다한 알코올 또한 이 비타민의 작용을 방해합니다. 마찬가지로 궤양을 치료하기 위한 제산제나 통풍 치료제인 콜히친 등 여러 가지 약물 또한 이 비타민의 작용을 방해합니다.

|엽 산|　엽산은 태아의 척추 발달을 돕습니다. 따라서 임산부들이 엽산을 너무 적게 섭취하면 태아가

이분 척추나 무뇌증을 가지고 태어날 확률이 높습니다. 이 밖에도 엽산은 비타민 B6 및 비타민 B12와 마찬가지로 호모시스테인을 제거하는 데 관여하므로 호모시스테인과 관련한 심장병을 예방하는 데 도움을 줄 수도 있습니다.

미국 농무성 산하 인간영양연구센터에서는 모든 곡류 제품에 엽산을 강화해야 한다는 연방 규제가 시행된 뒤에 연구 참가자들의 혈액 내 평균 엽산 수치가 두 배 이상 증가하고, 평균 호모시스테인의 수치가 7% 저하되었다는 것을 보여주었습니다. 또한 엽산은 DNA를 만드는데 주로 세포 분열에 관여하므로 특히 결장암과 유방암의 위험을 감소시킨다는 연구 보고가 있습니다.

❖ 비타민의 주요 기능 및 급원 식품

• 지용성 비타민

분 류	체내주요기능	결핍증	과잉증	급원 식품
Vitamin A (retinol)	시각세포·상피세포 보호, 뼈의 건강, 면역체계 보존	골 성장 저하, 성장속도 저하, 야맹증, 면역기능 저하	황달, 두통, 구토, 식욕 감퇴	간, 생선 간유, 해조류, 녹황색 채소 – 시금치, 당근, 호박, 과일
Vitamin D (calciferol)	뼈의 성장, 칼슘의 흡수 증진	어린이 – 구루병 성인 – 골연화증	구토, 설사, 체중감소	생선의 간유, 난황, 비타민 D 강화식품
Vitamin E (tocopherol)	항산화제, 과산화작용 방지	적혈구 용혈, 빈혈	거의 무독성, 항응고제 효과 강화	식물성 기름 – 참기름, 콩기름, 옥수수 기름 등. 콩, 견과류
Vitamin K (phylloquinon)	혈액응고	혈액응고시간 연장	거의 무독성	녹색 채소류, 과일, 곡류, 우유 등

• 수용성 비타민

분 류	체내주요기능	결핍증	급원 식품
Vitamin B1 (thiamin)	에너지 대사에 관련, 신경 전도	각기병, 말초신경염, 부종, 식욕부진, 허약, 피로 구내염	돼지고기, 콩류, 곡류의 배아, 견과류
Vitamin B2 (riboflavin)	에너지 대산의 조효소, 지방산 합성	구순 구각염, 눈병, 설염, 거친 피부	육류, 생선, 콩류, 녹색 채소류, 난류
Niacin	에너지 대사에 관여, 산화환원작용에 관여	펠라그라 (피부염), 구토, 변비, 설사, 우울	육류, 닭고기, 생선, 두류, 녹색 채소류, 난류
Vitamin B6 (pyridoxine)	단백질 대사에 관여, 소화, 신경계 관여	피로, 우울증, 불면증, 피부질환, 면역기능 저하	현미, 어육류, 두류, 녹색 채소류, 난류
Vitamin B12 (cobalamin)	DNA 합성에 관여	악성 빈혈, 신경장애, 부정맥	육류, 계란, 우유 및 유제품
Folacin (엽산)	핵산 및 아미노산 합성, 면역방어체계	대적혈구성 빈혈, 위장장애, 설사	오렌지주스류, 과일, 콩류, 간
Biotin	지질, 단백질대사 관련, 글리코겐 합성에 관여	피부염, 피로, 탈모 – 날계란 흰자를 많이 먹은 경우	난황, 간, 두류 버섯류
Vitamin C (ascorbic cid)	콜라겐 합성에 관여, 면역기능, 항산화 기능, 감염저항성, 철분 흡수 증가	괴혈병, 근육쇠약, 면역기능 감소, 상처치유 지연, 성장장애 혹은 발육지연	녹황색 채소류, 과일류 – 감귤류, 딸기, 감자류

📛 많아도, 부족해도 탈 무기질

인체의 4%는 무기질로 구성되어 있으며, 현재까지 밝혀진 무기질 종류는 약 25종입니다. 무엇보다도 무기질은 3/4 정도가 뼈나 치아의 구성성분이 되며 그 이외에 연조직, 근육, 혈액, 신경세포의 구성 및 재생 과정에 필수적인 성분이며, 비타민과 같이 생체반응의 보조 효소 역할을 합니다. 또한 근육의 수축이나, 자극에 대한 신경의 정상적 반응, 영양소의 대사와 이용, 호르몬 생성, 체내 수분 균형 유지, 혈액과 체액이 지나치게 산성이나 알칼리성으로 되는 것을 막아주는

산, 알칼리 평형에도 필수적인 성분입니다. 무기질은 식품 내의 함유량도 중요하지만 생체 이용률에 의해 체내로 흡수되고 이용되는 양이 다를 수 있습니다.

칼 슘

우리 몸은 약 1kg 정도의 칼슘을 함유하고 있으며, 이 중 99%는 뼈에 들어 있습니다. 칼슘은 뼈에 강도를 제공하는 구성 성분들을 서로 결합시키고 단단하게 하는 회반죽 역할을 합니다. 나머지 1%는 혈액과 세포 안팎의 체액에 녹아 있으며, 신경자극을 전달하고 심장박동 및 다른 세포기능을 조절해주는 역할을 합니다. 인체는 성장하면서 끊임없이 뼈를 형성하고 분해합니다. 생애주기 전반에는 뼈의 형성이 주가 된다면, 중반에는 형성과 분해의 두 과정이 어느 정도 평형을 이룹니다. 후반부에는 분해가 형성을 앞지르면서 뼈가 약해지거나 부러지기 쉬운 상태로 됩니다.

칼슘의 양, 비타민 D, 비타민 K가 영향을 줍니다.

한편 나트륨, 고단백, 탄산 등은 칼슘의 배출을 촉진할 수 있으므로 주의할 필요가 있습니다.

특히 중년 이후 호르몬 작용은 남성에게는 점차적인 감소로, 여성에게는 폐경을 맞으면서 급격히 중단됩니다. 이렇게 되면 장년기 동안 유지해오던 뼈의 형성과 분해의 평형은 무게의 추가 뼈의 분해 쪽으로 기울면서 뼈의 손실현상이 일어나게 됩니다.

철 분

지구에 사는 사람들 중 절반은 철분을 충분히 섭취하지 못하고 있다 해도 과언이 아닙니다. 이 무기질이 적으면 적혈구가 허파로부터 신체조직으로 산소를 운반하기가 힘들며, 철분이 부족한 혈액은 얼굴을 창백하고 피곤하게 만들 뿐 아니라 정신적으로 둔감하게 만듭니다. 철분 결핍은 어린이의 성장과 발달을 방해하고 장기적으로 사고 능력을 손상시킵니다.

특히 유아와 가임기 여성들에게서 철분 결핍이 생기기 쉽습니다. 따라서 생리를 하는 여성이라면 식사를 통해 철분을 충분히 섭취하도록 유의하여야 합니다. 노인 역시 빈혈에 걸리기 쉽습니다.

인

인 또한 칼슘과 함께 골격을 구성하는 중요한 성분이며, 이 외에 여러 효소의 성분이 됩니다. 인은 많은 식품에 함유되어 있어 식사량만 충분하다면 부족할 염려는 없습니다. 또한 인은 체내 흡수율도 높으며, 특히 활성화된 비타민 D에 의해 흡수가 촉진됩니다. 혈액 내 인의 농도는 소변으로 배설되는 인의 양에 의해 조절됩니다.

인의 섭취 부족은 거의 발생하지 않으나, 칼슘의 섭취 부족과 인의 부족이 동반된 경우 골격에 손상을 줄

수 있습니다.

마그네슘

마그네슘은 효소를 활성화시키는 데 필수적이며, 지방의 이용을 직접적으로 도와줍니다. 또한 마그네슘은 체내에서 DNA와 단백질을 만드는 과정에서부터 식품에서 에너지를 대사시키는 것, 근육의 수축 작용, 신경의 신호전달 기능 등 수백 가지의 생물학적 과정에 필수적인 원소입니다.

마그네슘 결핍은 이뇨제를 복용하거나, 알코올을 과다하게 섭취하는 경우에 종종 발생합니다. 또한 당뇨병은 마그네슘의 손실을 가속화시키고, 알코올, 카페인 함유 음료에 포함된 인산이 마그네슘의 배설을 촉진시킵니다. 마그네슘이 결핍되면 우리 몸은 가벼운 활동에도 쉽게 지치고, 비정상적인 심장 박동을 촉발할 수 있습니다.

칼 륨

칼륨은 세포 내부에 존재하는 양이온 입자(양의 전기를 띠고 있는 입자) 중에서 가장 많습니다. 칼륨이 너무 많거나 적으면 문제가 발생하기 때문에 우리 몸은 칼륨의 농도를 아주 면밀하게 조절합니다.

칼륨 농도가 저하되면 쉽게 피로하고 무기력해지며, 심장박동을 빠르게 하고, 근육의 경련이나 통증을 유발합니다. 한편 칼륨의 농도는 적은 반면, 나트륨의 농도가 높으면 고혈압을 일으킬 수 있습니다. 고혈압을 조절하기 위해 이뇨제를 복용하는 경우, 커피나 다른 카페인 함유 음료를 과도하게 마시는 경우 소변으로 칼륨의 배설이 증가하면서 우리 몸의 칼륨 농도는 떨어지게 됩니다. 세포 속에 칼륨이 적으면 사용하고 남은 포도당이 글리코겐으로 형성되는 과정이 방해를 받아 만성적으로 혈당이 계속 높은 수치를 나타내는 결과를 초래하기도 합니다.

반면 신장질환 등으로 인해 체내에 칼륨 농도가 높아지게 되면, 심장이 멈추는 등 생명에 치명적일 수 있으므로 주의하여야 합니다.

나트륨

나트륨은 세포 외액의 주된 양이온으로 체액의 평형 유지와 신경자극전달에 중요한 역할을 합니다. 세포 내외의 삼투압 유지는 주로 나트륨 이온과 칼륨 이온에 의해 조절됩니다. 참고로 혈장 및 세포내 삼투압은 300mOsm/L입니다. 뿐만 아니라 나트륨은 체내의 산, 염기 평형에 관여하고 근육의 전기화학적 자극을 전달함으로써 근육이 정상적으로 흥분성과 과민성을 유지하게 합니다. 이렇게 중요한 기능을 하기 때문에 신장에서의 배설과 재흡수 기능을 통해서도 체내 정상 수준으로 유지됩니다. 문제는 나트륨을 과잉으로 장기간 섭취하면 수분 평형을 조절하기 위해 혈액의 부피가 증가하게 되고, 혈액이 증가하면 세포 내액의 나트륨 농도가 높아집니다. 따라서 심장근육의 수축이 증가하는 반면 말초 혈관의 저항이 상승함으로써 고혈압을 일으키게 됩니다.

셀레늄

금속인 셀레늄은 항산화제이긴 하지만 직접적인 항산화제로서 작용할 정도로 우리 몸속에 충분히 존재하지는 않습니다. 셀레늄은 우리 몸속 영양소의 대사 과정에서 발생할 수 있는 과산화물을 분해하여 주는 효소의 활성 부위에 결합되어 있습니다. 이러한 역할로 인해 셀레늄이 결핍되면 결국 우리 몸에서 암의 원인이 되는 과산화물을 효과적으로 제거하지 못하면서, 각종 암의 원인이 된다는 연구 결과가 최근에 많이 보고되고 있습니다.

아 연

아연은 항산화제로도 작용하고 시력을 위해 필요하며, 혈액응고, 상처회복 및 정상적인 정자의 발달에도 관여합니다. 특히 어린이는 충분한 아연의 공급이 필요합니다. 여러 연구에서 영양부족으로 뇌의 발달과 운동기능이 저하되고, 과잉행동의 원인이 되며, 주의력과 관련된 문제가 발생할 수 있는데, 부분적으로 아연의 부족과 관련이 있을지도 모른다는 주장이 있습니다. 노인 또한 별도의 아연 섭취가 필요합니다. 젊은 사람들보다 아연을 덜 섭취하는 경향이 있고, 아연을 흡수하는 데 종종 문제가 있기 때문입니다. 뿐만 아니라 노인들은 약물복용이 많은데, 특히 고혈압 치료제인 이뇨제는 소변을 통해 아연을 더 많이 배설시키게 됩니다.

크론병과 궤양성 대장염과 같은 소화기 질환이 있는 사람, 그리고 만성 감염증이 있는 경우에도 별도의 아연 섭취가 필요할 수 있습니다.

식품 중 아연의 주된 급원은 붉은 육류입니다. 물론 붉은 육류만큼은 아니지만 가금류 또한 좋은 급원식품입니다. 아연의 과량 섭취 또한 문제가 될 수 있는데, 면역체계 기능의 저하, 상처회복 지연, 미각 및 후각의 문제, 탈모, 피부 문제 등이 나타날 수 있으며, 다량의 아연을 섭취하면 전립선암의 발달을 촉진시킬 수 있다는 연구결과도 있습니다.

❖ 무기질 급원 식품 및 주요 기능

다량 무기질	급원식품	체내주요기능	결핍증
칼슘 (Ca)	우유, 치즈, 말린 콩, 녹황색 채소	뼈, 치아 형성, 심장 박동 유지, 근육수축, 신경자극 전달	골다공증, 성장 위축
인 (P)	우유 및 유제품, 곡류, 어육류, 견과류	뼈, 치아 형성, 산-염기 균형	식욕부진, Ca 손실, 근육 약화
칼륨 (K)	녹황색 채소, 콩류, 바나나, 우유, 감자	신경자극 전달, 산-염기 균형	근육경련, 식욕저하, 불규칙한 심박동 *과잉증 더 위험 : 심정지

다량 무기질	급원식품	체내주요기능	결핍증
나트륨 (Na)	소금, 육류, 베이킹 소다, 우유 및 유제품, 화학조미료	산-염기 균형, 물의 균형, 신경자극 전달	구토, 근육경련, 현기증, 식욕감소
마그네슘 (Mg)	전곡, 견과류, 녹색 잎채소	단백질합성, 효소 활성화, 신경 및 심장기능	성장저해, 행동장애, 식욕부진
철분 (Fe)	간, 굴, 육류, 녹색 잎 채소, 난황	혈액 성분	빈혈, 허약, 성장지연, 면역 저하
아연 (Zn)	식품 중에 널리 분포, 간, 해조류	여러 효소활동에 관여	신체 및 성적 성장 저해, 미각감퇴증
구리 (Cu)	간, 굴, 코코아, 견과류, 해조류	헤모글로빈 합성, 뼈의 석회화	빈혈
셀레늄 (Se)	해조류, 고기, 곡류	항산화 역할, 세포막 유지	매우 드묾
불소 (F)	불소첨가음료, 해조류	골격형성, 충치의 예방	충치
요오드 (I)	해조류	갑상선호르몬 구성성분, 기초대사율 조절	갑상선종, 크레틴종

현대인의 필수영양소
섬유소

식이섬유는 인간의 소화효소에 의해 소화되지 않는 셀룰로오스, 펙틴, 검 등의 다당류와 리그닌 등의 비당질류를 말하는 것입니다. 식이섬유는 수용성 (soluble)과 불용성(insoluble)으로 분류됩니다. 수용성 섬유질은 물과 쉽게 결합되어 용해되거나, 팽윤되어 젤 형태를 이루며, 이로 인해 장에서 당분, 콜레스테롤, 무기질 등의 영양성분이 우리 몸에 흡수되는 것을 방해할 수 있습니다. 반면 불용성 섬유질은 쌀겨나 통밀, 배추 등 식물의 질긴 부위를 구성하고 있는 부분입니다. 물과는 잘 결합되지 않아 젤 형성이 안 되고, 장내 미생물에 의해 분해되지도 않으나, 대변의 용적률을 20~35% 가량 증가시켜 배변량과 배변 속도를 증가시켜주는 생리작용를 합니다. 이러한 작용으로 인해 소화관을 통과하는 시간을 짧게 하여 소화 후 불필요한 물질, 발암물질의 장관 내 머무는 시간을 줄여줍니다.

또한 섬유소는 콜레스테롤의 재흡수를 방해하여 혈중 콜레스테롤이나 중성지방산 수치를 낮추어주는 효과도 있습니다. 최근 가공, 정제식품의 이용이 증가하고 채소류의 섭취가 감소하면서 이러한 섬유소의 섭취 또한 감소하게 됩니다. 따라서 현대인의 섬유소 부족 현상이 주요 문제로 대두되고 있습니다.

섬유소 섭취는 하루에 20~25g 정도를 권장하고 있습니다. 또 섬유소를 섭취할 때는 물 섭취가 매우 중요합니다. 만약 물을 먹지 않으면 변이 단단해져서 배변이 더 어려워집니다. 일반적으로 수용성 섬유소는 함수성이 높아 자신이 무게보다 40배 많은 물을 흡수할 수 있어 변비나 대장암 예방에 효과가 있습니다. 양상추, 브로콜리, 당근이나 오이 등 채소류나 해조류, 잡곡류나 두부류, 감자, 고구마 등에 포함된 식이섬유가 이에 속합니다. 우거지나 배추, 부추, 산나물 등에 있는 질기거나 거친 식이섬유소는 물을 흡수하지 못하고 소화되지 못한 채 그대로 대변으로 나와 섬유소의 역할을 제대로 하지 못합니다.

한편 과일에 많은 펙틴 섬유소는 부드러운 것이 특징으로 변비나 대장암 예방 효과보다는 콜레스테롤이나 중성지방의 재흡수를 억제하는 효과가 큰 것으로 연구되고 있습니다.

식이섬유와 질병

당뇨병 및 동맥경화증과의 관계　　수용성 식이섬유소는 소장에서 당의 흡수를 느리게 하므로 혈당상승을 지연시켜 당뇨병 환자에게 도움이 될 수 있습니다. 한편, 식이 섬유소는 장에서 담즙산과 결합하여 담즙산의 재흡수를 억제함으로써 콜레스테롤 배설을 증가시키는 효과를 줍니다.

비만 예방　고 섬유소 식사는 포만감을 주면서 상대적으로 열량이 적기 때문에 체중조절이 필요한 사람에게 도움이 될 수 있습니다. 또한 음식물이 장을 통과하는 시간을 빠르게 하여 영양소가 흡수되는 것을 최소화할 수 있고, 직접적으로 다른 영양소의 흡수를 방해하기도 하지요.

대장암의 예방 효과　많은 역학연구에서 식이섬유소가 많은 곡류, 과일, 채소 등의 섭취가 적고 지방이나 육류 등의 섭취가 많은 경우 대장암이 발생할 확률이 증가하는 것으로 나타났습니다. 식이섬유소가 대장암 발생을 억제하는 이유는, 발암물질이 섬유소와 결합하여 흡수되지 않거나, 장 내 통과속도가 빨라짐으로써 대장세포와의 접촉을 줄이기 때문입니다. 그러나 많은 연구에서 과일과 채소의 식이섬유소가 대장암 예방에 가장 좋은 효과를 보이는 것으로 나타났습니다. 이는 섬유소 단독의 역할보다는 과일과 채소 내에 들어있는 비타민 C나 베타-카로틴, 과일과 채소를 먹음으로써 상대적으로 지방 섭취가 줄어드는 등의 복합적인 작용에 기인하는 것으로 생각됩니다. 따라서 건강보조식품의 형태로 식이섬유소를 먹는 것보다 식품 형태로 먹는 것이 암 예방에 더욱 효과적일 것입니다.

게실염의 예방   식이섬유소는 대변의 양을 증가시키고, 대장 근육을 자극시켜 변의 통과 속도가 빨라지며, 수분을 끌어들이는 작용을 하여 대변을 부드럽게 합니다. 따라서 섬유소를 적게 먹으면 대변의 양이 적고 단단해집니다. 이런 경우 배변을 하기 위해 배에 힘을 주면 대장 벽에 작은 주머니모양이 형성되는데 이를 게실이라고 한다. 게실이 있어도 80%는 증상이 없지만, 게실에 음식이나 종자의 껍질 등이 들어가게 되면 세균에 의해 발효되면서 산과 가스가 생성되어 게실염을 유발할 수 있습니다.

섬유소의 과잉섭취에 따른 문제점

섬유소를 많이 먹으면서 동시에 충분한 수분을 섭취해야 한다는 것을 잊지 마십시오. 만약 섬유소를 많이 먹으면서 충분히 수분을 섭취하지 않으면, 대변이 매우 단단해져 배변하기 어려워집니다. 뿐만 아니라 성장기 어린이나 저체중인 성인이 식이섬유소를 너무 많이 먹으면, 영양소의 흡수를 저해하거나 칼슘이나 아연, 철분과 같은 주요 무기질과도 결합하여 이러한 영양소들이 장에서 흡수되지 못하고 배설되어버릴 수 있어 오히려 영양소 부족현상을 유발할 수 있으므로 주의가 필요합니다.

더 이상 물로 보지 마 물

인류에게 가장 먼저 발견된 영양소 결핍증은 바로 '수분결핍', 즉 탈수였다는 사실을 알고 계셨나요? 인간은 음식을 먹지 않은 상태에서 몇 주 이상은 버틸 수 있지만, 물을 마시지 않고는 단 며칠도 견디지 못한답니다. 우리 몸의 65% 정도가 물로 구성되어 있으며 여자가 남자보다 근육량이 적은 대신 상대적으로 지방 함량이 많기 때문에 총 수분 함량이 남자보다는 적은 편입니다.

물 없이 이루어지는 신진대사나 체내 반응은 거의

없으므로 물이 없으면 생명이 없다고 해도 과언은 아닐 것입니다. 또한 물은 혈액의 주요 성분으로, 영양소를 세포로 운반해 주고, 대사 결과 만들어진 노폐물을 신장 또는 폐를 통해 제거하여 줍니다. 뿐만 아니라 땀을 통해 더운 환경에서 체온조절을 하여주고, 각 관절 등에서는 외부의 충격으로부터 완충작용을 통하여 조직을 보호하고, 위장관, 호흡계 및 관절 등의 점막을 부드럽게 해줍니다. 또한 세포 내에서 일어나는 영양소의 소화, 흡수, 화학반응 등의 다양한 대사들이 진행되기 위해서는 화합물질들이 용해되어 있어야 하는데, 물은 용매의 역할을 합니다.

우리 신체는 체내 수분의 항상성(수분 섭취량과 손실량과의 균형)을 조절하는 능력을 가지고 있습니다. 인체는 체온을 약 37℃로 일정하게 유지합니다. 운동을 하거나, 활동을 하면 그 이상의 열을 발생하게 되는데, 여분의 열이 발생되지 않게 되면 몸의 구성 성분인 단백질들이 열로 인해 응고하거나 변형될 수 있습니다. 따라서 인체는 이 상황을 막기 위해 땀을 내어 증발하면서 몸에서 발생된 열을 배출하게 됩니다. 예를 들어 격한 운동을 하면 한 시간에 거의 1*l* 정도를 땀으로 수분을 잃을 수 있습니다. 총 수분 손실량은 육체적 활동정도, 신체의 생리적 상태, 온도 및 습도에 따라 다릅니다. 체내에서 수분은 소변, 땀, 호흡, 대변을 통해 배설됩니다. 일반적으로 소변을 통해 약 50% 정도가 배설되고, 나머지 40% 정도가 호흡으로 손실됩니다.

그럼 어느 정도의 수분 섭취가 필요할까요? 보통 1kcal를 섭취할 때 약 1ml 정도의 수분이 필요합니다. 남자 성인에게 2,500kcal, 여자 성인에게 2,000kcal 정도의 열량 섭취가 권장되므로 물도 각각 2.5*l*, 2*l* 정도가 필요한데 그 중 과일이나 채소, 밥 등 음식을 통해 1.0~1.5*l*의 물이 섭취되므로 나머지 1.0~1.5*l*는 음료수로 보충되어야 합니다.

미국의 연구에서 성인의 평균 섭취량이 물 2.8컵,

밀크 1.3컵, 커피 1.5컵, 음료수 1.75컵 정도로 조사되었으며, 순수한 물 섭취량이 절대적으로 부족한 것으로 나타났습니다. 커피나 알코올 섭취 시에는 이뇨작용이 촉진되어 오히려 수분이 소실되기 때문에 의식적인 수분섭취가 필요합니다.

기온이 적당하다면 피부와 호흡, 그리고 소변을 통해 하루에 보통 1.9*l* 정도의 수분이 배출됩니다. 날씨가 더운 여름에는 땀으로 그 이상의 수분이 배출됩니다. 겨울에도 건조한 공기로 인해 피부로부터 수분의 손실이 일어납니다. 또한 활동적일수록 더 많은 수분이 필요합니다. 따라서 심한 운동을 할 경우에는 특별히 수분 보충에 신경을 써야 합니다. 체격이 작은 어린이나 노인, 그리고 설사가 심한 경우 탈수의 위험에 쉽게 노출됩니다. 약한 탈수의 경우에는 피곤하거나 짜증이 나며 집중력이 떨어질 수 있습니다. 만성적인 탈수는 변비의 원인이 되며 특히 노인에게서 많이 나타납니다.

물을 제대로 마시는 법

- 일어나자마자 냉수 한 컵을 천천히 마시고, 시간 날 때마다 물을 마십니다.
- 한꺼번에 마시기보다는 조금씩 자주 마시고 따뜻한 물을 마시도록 합니다.
- 운동 중에는 자주 물을 마시고 운동 후에도 갈증이 난다면 물을 많이 마십니다. 아주 힘든 운동 뒤에는 이온음료를 마시는 것도 좋습니다.
- 소화불량이나 위산과다, 식도염 등으로 속이 쓰린 사람은 증세가 나타나면 따뜻한 물을 천천히 마십니다.
- 변비가 심한 사람은 저녁 식사 후 자기 1시간 전까지 30분마다 물을 마십니다.
- 비만인 사람은 식사 전 물을 한 컵 천천히 마시고 식사합니다.
- 술을 마실 때에는 음주 전, 중, 후에 물을 충분히 마

십니다.

- 흡연자는 담배를 피운 뒤 물을 마시고, 금연 후에
  는 담배 생각이 날 때마다 마십니다.
- 신장질환자와 간경변증 환자는 물을 많이 마시면
  부기가 심해지거나 심하면 무력감, 경련, 의식저하
  등의 증세가 올 수 있으므로 의사와 상의하는 것을
  권합니다.

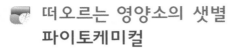

떠오르는 영양소의 샛별 파이토케미컬

파이토케미컬(phytochemicals: 식물성 화학물질)은 그리스어로 식물을 의미하는 단어 파이토(phyto)와 화합물이란 영어단어 케미컬(chemical)을 합성한 말로서, 식물에 들어 있는 화학물질을 의미합니다. 식물에는 약 12,000 종류가 넘는 파이토케미컬이 들어 있는데 어떤 식품에는 수백 가지가 함유되어 있기도 합니다.

이러한 파이토케미컬은 소량만 섭취해도 결핍증이 나타나지 않아 필수영양소는 아니지만, 중요한 것은 인체 내에서 만들지 못하기 때문에 반드시 식품으로 섭취해야 한다는 사실입니다. 최근에는 가공식품의 가공과정에서 파이토케미컬이 제거되거나, 육류 섭취량이 증가하고 식물성 식품 섭취가 적어지면서 파이토케미컬의 섭취가 감소되고 있는 상황입니다.

파이토케미컬은 항산화제로서의 기능을 합니다. 영양소들의 대사과정에서 부산물, 태양광선이나 공기 중 오존, 담배연기, 외상, 알코올 등에 의해 우리 몸에 자유기(Free radical)가 만들어지게 됩니다. 이 자유기는 매우 불안정하며 세포막의 안전성을 파괴하고 단백질의 생산 신호 체계를 교란시켜, 그 결과 노화를 촉진시키며 면역능력을 소진시켜 궁극적으로 건강에 유해한 영향을 줍니다. 따라서 자유기는 체내의 항산화효소나 항산화제에 의해 중성화되어야 하는데, 바로 파이토케미컬의 역할이 항산화제로서의 기능을 하는 것입니다.

두 번째, 발암물질의 생성을 방지하거나 발암과정으로의 진행을 방지하는 등의 강력한 항암효과가 있습니다. 이렇듯 중요한 기능을 하는 파이토케미컬의 한 종류가 브로콜리, 양배추, 컬리플라워 등에 함유된 이소티오시안산으로 세포에서 발암물질을 해독하는 효소들을 활성화시켜줍니다. 또한 당근, 고구마, 오렌지 등에 함유되어 있는 베타카로틴은 면역반응을 조절하고 일부 암에 대한 항암효과가 있고, 녹차, 홍차, 그리고 많은 과일 및 채소에 다량 함유되어 있는 페놀릭화합물 또한 항산화능력과 항암효과가 있는 것으로 연구되고 있습니다. 그러나 이러한 파이토케미컬은 서로 미묘한 상호작용을 하기 때문에 단일 성분으로서의 효과뿐만 아니라 적절한 섭취량에 대해서는 아직 밝혀진 바가 없습니다.

최근에는 이러한 파이토케미컬의 성분이 주로 식품의 색깔을 내는 색소성분들임이 밝혀지면서 식품의 색깔이 주목받게 되었고, 미국 국립암연구소에서는 암 예방을 위해 지난 1991년부터 빨강, 주황, 노랑, 보라 등 다채로운 색깔의 식품을 먹자는 캠페인을 벌이고 있습니다.

비록 양은 아주 조금이지만 우리 몸에 필수성분이며, 종류 또한 너무도 많은 이러한 파이토케미컬의 성분 때문에, 아무리 과학이 발전한다 하여도 영양캡슐로 음식을 대신할 수 없을 것이라는 생각이 듭니다.

❖ 채소와 과일에 함유된 파이토케미컬 종류

파이토케미컬 종류	급원 식품	기 능
indol	브로콜리, 양배추, 컬리플라워	항산화제/항암효과
thioallyl derivatives	마늘, 부추, 양파	면역기능 증진, 항암효과, 혈전생성 방지
페놀릭 화합물	녹차, 홍차, 과일, 채소	항산화제/발암물질 해독
베타카로틴	당근, 고구마, 오렌지, 토마토	항산화제, 항암효과, 면역기능 증진, 심장기능 강화
비타민 C	감귤류, 토마토, 풋고추, 딸기	동맥경화, 피부노화 방지
비타민 E	식물성 기름류, 과일과 채소, 곡물 외피, 견과류, 참깨, 들깨	심장병 위험 감소
플라보노이드	대두, 사과, 양파	항암효과, 뼈 손실 방지

내 몸의 소중한 재료! 영양소 Story

내 몸에 맞는
영양소 섭취

🔟 영양소 섭취 기준

내 몸을 이루고 있는 영양소의 종류가 생각보다 많아 놀라셨죠? 그러나 아직 다 밝혀졌다고도 볼 수 없답니다. 영양소는 생명활동을 위해 지속적으로 사용되므로 과연 우리 몸에 어느 정도의 영양소가 필요한지에 대한 궁금증이 남게 됩니다. 이러한 궁금증을 해결하기 위하여 영양학자들은 우리 몸에 필요한 각 영양소에 대한 하루 필요량을 기준으로 하여 일일권장량을 제시하였습니다. 이는 전체 인구의 95%가 영양결핍이 되지 않기 위해서 하루에 섭취해야 하는 최소

한의 필요량 수준으로 제시한 것입니다.

즉, 대다수 사람들의 영양요구량에 맞게 영양소 최소 필요량에 해당 인구 집단의 식생활 실태, 스트레스, 체격 조건 등의 개인차를 고려한 안전치를 가산하여 결정한 값입니다. 따라서 각 나라마다 제정된 영양권장량의 내용이 다를 수 있습니다. 한편 영양권장량은 필수영양소의 결핍을 예방하기 위한 목적이 우선시이기 때문에 각 개인의 다양한 영양문제에 적절한 기준이 되지는 못하는 문제점이 있습니다.

즉, 개인적인 사항을 완벽하게 고려하여 제시된 것은 아니기 때문에 개인적인 영양소 필요량은 별도로 고려되어야 합니다. 특히 질병이 있는 경우에는 질환에 따른 영양소 섭취 기준에 따라 일일 영양섭취량을 결정하여야 합니다. 한편 영양소 섭취 기준으로 개인의 영양상태를 판단하는 것 또한 부적절합니다. 예를 들어 어느 한 시점에서 개인의 영양소 섭취 기준에 못 미치더라도 그 동안의 식습관, 유전적 · 생리적인 요인에 따라 문제가 있을 수도 있고 없을 수도 있으며, 반대로 섭취 기준 이상 섭취한다 하더라도 바로 과잉증이 나타나지 않으며, 반대로 결핍증이 발생할 수도 있습니다. 따라서 영양소 섭취 기준은 참고치일 뿐 보다 자세한 개인적인 섭취기준은 연령, 성별, 그 동안의 식습관, 활동상태, 질환 여부 등에 따라 다르므로 반드시 전문가의 도움을 받아 설정하는 것이 좋습니다.

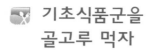

기초식품군을
골고루 먹자

생명은 한 순간도 쉼이 있어서는 안 되기 때문에 그 생명활동의 재료가 되는 영양소 또한 지속적으로 공급되어야 합니다. 문제는 필요한 영양소를 모두 갖추고 있는 단일 식품은 없다는 것입니다. 그런 식품이 있다면 아주 간단할 수도 있지만 반대로 인간의 삶은 참 단조롭고 재미없을 것이라고 생각합니다. 우리가 살기 위해서도 먹지만, 먹는 즐거움도 포기할 수 없으니까요.

다시 본론으로 돌아가서 우리가 필요로 하는 영양

소를 다 갖춘 단일 식품이 없다면, 어떻게 매일 필요한 영양소를 골고루 다 공급할 수 있을까요? 그리고 얼마큼 먹어야 할까요? 식품마다 포함되어 있는 영양소의 종류나 함량이 다르고, 또 먹는 양에 따라서도 달라질 수 있으므로 매일 먹는 식품의 양과 열량, 영양소 양을 계산하여 먹는다는 것은 거의 불가능한 일입니다. 이에 대한 해답으로 영양 전문가들이 고안한 몸에 필요한 영양소가 골고루 함유된 식사를 실천하는 방법을 소개해 드리겠습니다.

기초식품군

식품이 가지고 있는 영양소의 구성이 비슷한 것끼리 묶을 수 있는데, 보통 6가지로 분류하며 이 분류를 기초식품군이라고 합니다. 각 기초식품군별로 주요 함유 영양소와 식품의 종류는 다음과 같습니다. 이러한 기초식품군에 있는 식품들을 빠짐없이 매일 균형

있게 섭취하는 것이 좋은 영양을 유지하는 "유일한 길"입니다.

곡류 및 전분류   우리 몸에 우선 에너지원인 탄수화물을 가장 많이 함유하고 있는 식품군으로 우리나라에서는 주식으로 섭취하고 있습니다. 그러나 최근 식품가공의 발달로 인해 곡류의 껍질과 씨눈에 주로 있는 비타민, 미네랄, 단백질, 필수지방, 섬유소 등 중요한 영양성분이 제거된 흰 쌀밥과 흰 밀가루 섭취는 다양한 영양소의 공급이 부족되어 건강에 좋지 않습니다. 따라서 현미나 보리, 율무, 팥 등을 적당히 섞어 먹는 것이 탄수화물 외의 다른 영양소를 동시에 섭취하는 효과가 있습니다. 또한 곡류는 상당량의 단백질도 함유하고 있어 단백질 공급원으로서도 무시할 수 없습니다.

채소 및 과일류   우리 몸의 윤활유인 비타민과 무기질의 함량이 높으며, 특히 항산화작용, 항암작용 등 건강 영양소로 주목을 받고 있는 파이토케미컬과 식이섬유소의 주요 급원이기도 합니다. 과일의 경우 탄수화물의 함유량 또한 높으므로 비만이거나 당뇨 조절을 하여야 하는 경우에는 섭취량의 조절이 필요합니다.

어육류, 달걀 및 콩류   신체를 구성하고 우리 몸에서 조절 작용을 하는 성분의 구성물질인 단백질의 주요 공급식품입니다. 특히 필수 아미노산이 풍부한 완전단백질 식품이지만 포화지방산의 함유량도 높기 때문에 매일 섭취는 하되 섭취 식품 및 섭취량의 조절이 필요합니다.

우유, 유제품 및 멸치류   이 식품군은 칼슘 함량이 높은 식품군입니다. 우유는 탄수화물, 단백질, 지방을 골고루 함유하고 있는 완전식품으로 질 좋은 단백질 급원식품이지만 이렇게 별도로 분류한 이유는 우유에 함유되어 있는 칼슘 성분 때문입니다. 칼슘을 함유하고 있는 식품이 자연계에서 제한적으로 존재하기 때문에 칼슘 급원 식품군은 별도로 분류하였습니다. 따라서 특히 성장기 아동, 여성들은 이 식품류를 매일 꾸준히 섭취해야 합니다.

유지, 견과류 및 당류 이 식품군은 식물성 기름, 견과류와 같이 우리 몸의 구성 성분이 되는 필수지방산의 급원 식품도 있지만, 버터, 마가린, 마요네즈와 같이 우리 건강에 위해한 포화지방산을 함유한 식품도 있습니다. 가급적 식물성 기름으로 섭취하도록 합니다. 이 외에 설탕과 같은 단순 당질류도 있는데, 주로 기호 차원에서 많이 섭취하면서 비만 등 각종 만성퇴행성 질환의 원인으로 지목되는 만큼 섭취를 자제하여야 하겠습니다.

❖ 기초식품군

기초식품군	주요 함유 영양소	주요 역할	식품 종류
곡류 및 전분류	탄수화물 및 단백질 약간, 섬유소	에너지원	밥류, 국수류, 빵류, 떡류, 감자, 고구마, 밤, 옥수수류
채소 및 과일류	비타민과 무기질, 파이토케미컬, 섬유소	생리 조절 작용	시금치, 호박, 오이, 당근, 양상치, 해조류, 양파 등 사과, 귤, 배, 딸기, 포도 등
어육류 및 달걀	단백질과 포화지방	구성 성분	소고기, 닭고기, 돼지고기, 각종 생선류, 콩류, 육가공품류
우유 및 유제품	단백질과 칼슘	칼슘공급원	우유, 치즈, 아이스크림, 요구르트, 멸치
유지 및 당류	지방 및 단순당류	구성 성분 or 에너지원	대두유, 참기름, 들기름, 잣, 마가린, 버터, 마요네즈, 설탕, 탄산음료 등

균형식을 위한 식품구성탑 식품 구성탑(121쪽 참조)
이란 기초식품군별로 각 식품군이 차지하는 중요성을
일반인들이 쉽게 이해할 수 있도록 그림으로 표시한
것입니다. 5층의 탑에 5가지 식품군의 위치를 중요도
에 따라 정해 놓았습니다. 즉, 각 식품군이 배치된 층의 크기와 위치는 실제 식생활에서 차지하는 중요성과 양을 개념적으로 표현하고 있는 것입니다. 주식으로 소비되는 곡류 및 전분류는 가장 크고 바탕이 되는 맨 아래층에 위치하며, 양적으로 많이 섭취해야 하는 식물성 식품인 채소 및 과일류가 둘째 층, 질 좋은 단백질 급원이 되는 동물성 식품들이 세 번째 층에 위치하고, 섭취량은 작으나 칼슘의 섭취를 위해 중요한 우유 및 유제품이 네 번째 층에 위치하고 있습니다. 유지, 견과류 및 당류는 농축 열량원이므로 가장 작은 윗층에 위치하고 있습니다. 이 중에서 한 가지 식품군이라도 빠지면 부실한 탑이 만들어지면서 결국에는 건강까지도 무너질 수 있다는 무언의 암시가 아닐까요? 따라서 매일 5가지 식품군을 빠짐없이 골고루 섭취하는 것이 우리 건강을 지키는 기초가 됩니다.

📷 적정량으로 먹자

　균형식이라고 각 식품군별로 다양하게 먹으면 되는 걸까요? 그 대답은 "아니요"입니다. 개인의 연령, 성별, 활동량, 질환의 유무 등에 따라 필요한 영양소의 양이 다르며, 식품의 양에 따라 공급되는 영양소의 양이 다르기 때문입니다. 예를 들어 밥 100g을 먹으면, 당질 23g, 단백질 2g을 공급하게 되고, 100kcal의 열량을 얻을 수 있다면, 200g을 먹게 되면 두 배, 즉 당질 46g, 단백질 4g으로 열량 200kcal를 얻게 됩니다.

　최근에 여러 매체를 통해 좋은 식품과 음식에 대한

정보는 넘쳐나지만 어느 정도를 먹어야 하는지에 대한 정보는 없습니다. 각 식품군별로 가장 이상적으로 열량과 영양소를 공급받을 수 있는 적정량이 있음을 기억하고 가급적 그 양을 초과하지 않도록 하는 것이 좋습니다.

결론적으로 건강을 위해서 우리 몸에 필요한 영양소는 과하거나 부족함 없이 공급되는 것이 중요하며 그러기 위해서는 기초식품군을 종류별로 섭취하되, 몸에 맞는 열량과 영양소가 공급되도록 필요한 양만큼만 먹도록 합니다.

성인의 경우 기초식품군을 이용하여 일일 섭취 기준량을 충족시키는 방법은 다음과 같습니다. 곡류 및 전분류 식품군에서 밥을 210~280g으로 3끼 섭취하고 감자, 고구마 등으로 1/2~1개 정도의 간식으로 섭취하고, 과일, 채소 식품군에서는 채소의 경우 가급적 다양한 종류로 많이 섭취하되, 과일류는 매일 다른 종류로 하여 1회 정도를 섭취하도록 합니다. 단백질 공급을 위해서는 고기, 생선, 계란, 콩류 식품군에서 매 끼 1~2종류씩으로 아래의 그림에 제시된 양으로 섭취 합니다. 우유나 유제품 식품군에서는 매일 간식으로 우유 혹은 두유를 1잔씩 섭취하도록 합니다. 마지막 으로 유지, 견과류, 당류 식품군에서는 필수지방산의

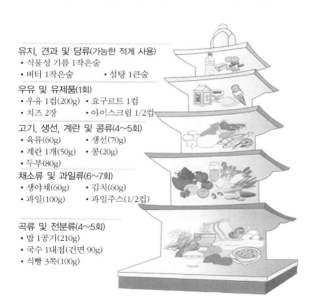

유지, 견과 및 당류(가능한 적게 사용)
- 식물성 기름 1작은술
- 버터 1작은술   • 설탕 1큰술

우유 및 유제품(1회)
- 우유 1컵(200g) • 요구르트 1컵
- 치즈 2장   • 아이스크림 1/2컵

고기, 생선, 계란 및 콩류(4~5회)
- 육류(60g)   • 생선(70g)
- 계란 1개(50g) • 콩(20g)
- 두부(80g)

채소류 및 과일류(6~7회)
- 생야채(60g)   • 김치(60g)
- 과일(100g)   • 과일주스(1/2컵)

곡류 및 전분류(4~5회)
- 밥 1공기(210g)
- 국수 1대접(건면 90g)
- 식빵 3쪽(100g)

섭취를 위해 조리에 식물성 기름으로 3작은 술과 견
과류 약간을 섭취하면 되겠습니다.

현대인의
영양과 건강

풍부해진 먹을거리, 그리고 현대 의학의 발달로 인간의 몸은 변화하고 있습니다. 물론 긍정적인 변화로는 생명의 연장이겠지요. 우리나라도 평균 수명이 남자는 72세, 여자는 80세라고 하고 이 평균 수명은 점점 연장되면서 이제 100세를 기대하게 되었습니다. 그러나 문제는 이렇듯 수명은 연장되었지만 안타깝게도 질적인 면은 그렇지 못하다는 것입니다. 즉, 질병 없이 살아가는 '건강 수명'은 여자가 68세, 남자가 63세로 이후 남은 여생은 질병이나 신체장애를 안고 살아가야 한다는 것입니다. 따라서 이제 우리는 "어떻게 하면 더 오래 살 수 있을까"가 아니라 "어떻게 하면 건강한 삶을 살 수 있을까"에 대해 고민하고 방법을 모색하여 실천해 나가야 할 것입니다. 이를 위해서는 건강의 기초가 되는 내 몸의 영양상태에 대해 관심을 가지고 올바른 영양관리에 대한 지식과 실천이 중요합니다.

달라진 몸, 생활환경 그리고 먹거리

산업현장의 자동화, 자동차, 컴퓨터, 인터넷은 점점 인간의 신체활동을 줄게 하였고 그 결과 신체의 에너지 필요량은 적어지게 되었습니다. 반면 복잡한 생활환경에 노출되면서 대기오염, 자동차 배기가스, 흡연, 과도한 음주, 스트레스 등으로 비타민과 무기질은 빠르게 소진당하게 됩니다.

먹을거리는 어떤가요? 우리가 먹고 있는 채소나 과일의 영양소 함량은 과거와 같지 않습니다. 공해물질과 산업폐기물 등으로 인해 토양의 광물질은 점점 소진되어 버리고 여기에 농산물의 생산량을 늘리기 위해 사용하는 화학비료는 점점 토양을 척박하게 만들고 있습니다. 이로 인해 영양소의 손실양은 50년 전 비타민과 무기질 손실양의 20~30%에 이른다고 합니다. 뿐만 아니라 곡물 또한 보관기간을 늘리기 위해 도정, 세척, 가공과정을 거쳐 보관되는 과정에서 무려 90% 정도의 비타민과 무기질을 잃어버린다고 합니다. 게다가 냉동 채소는 싱싱한 채소에 비해 비타민 C 함유량이 50%나 떨어집니다.

1950년 이후 지금까지 사람들이 식품가공시 이용한 화학물질은 그 종류만도 4천여 가지가 넘는데, 이러한 화학물질들은 영양소의 흡수나 체내 대사과정을 방해하고 영양소 배출을 촉진시킵니다. 뿐만 아니라 식품의 저장기간을 연장하기 위하여 기름이 산패하지 않도록 의도적으로 식물성 기름에 들어 있는 오메가 3 지방산을 파괴합니다. 이러는 과정에서 결국 트랜스지방산이 생성되게 됩니다. 게다가 소고기나 닭고기는 이전보다 오메가 3 지방산을 덜 함유하고 있는데, 그 이유는 오메가 3 지방산이 많은 야생 식물이나 씨앗 대신 오메가 3 지방산이 적은 곡물 사료로 키우기 때문입니다.

📖 달라지고 있는 질환

최근 지난 10년 간 북미와 유럽에서 시행한 연구결과를 보면, 열량 섭취가 부족한 인구층은 줄고, 중년층과 고령층에서의 비만과 특정 영양소의 결핍이 문제되고 있으며, 이는 새로운 종류의 만성질환의 증가로 이어진다고 보고되고 있습니다.

먹을거리가 풍부하지 못했던 시절에는 각기병, 구루병과 같은 열량과 영양소 결핍 증세나 결핵과 같은 감염성 질환이 만연했으며, 아직도 개발도상국에서는 콰시오카나 마라스무스와 같은 영양결핍 증세가 국민의 생명을 위협하고 있습니다. 반면 먹을거리가 풍족해진 많은 국가에서는 감염성 질환보다는 퇴행성 또는 대사성 질환들이 증가 추세에 있습니다. 심각한 것은 대사성 질환은 삶과 죽음을 가르는 문제 이전에 개인과 사회적인 삶의 질에 관한 문제로 대두되고 있다는 사실입니다. 이러한 현상은 우리나라 또한 예외가 아니어서 다음 통계를 보시면 그 상황을 실감할 수 있을 것입니다.

❖ 우리나라 사망 원인 현황

(단위 : 인구 10만 명당)

순위	1997		2006		2007					
	남녀전체		남녀전체		남녀전체		남자		여자	
	사망원인	사망률	사망원인	사망률	사망원인	사망률	사망원인	사망률	사망원인	사망률
1	악성신생물(암)	112.7	악성신생물(암)	134.0	악성신생물(암)	137.5	악성신생물(암)	173.7	악성신생물(암)	101.1
2	뇌혈관 질환	73.1	뇌혈관 질환	61.3	뇌혈관 질환	59.6	뇌혈관 질환	56.6	뇌혈관 질환	62.6
3	심장 질환	35.6	심장 질환	41.1	심장 질환	43.7	심장 질환	44.3	심장 질환	43.2
4	운수사고	33.3	당뇨병	23.7	고의적 자해(자살)	24.8	자살	31.5	당뇨병	22.8
5	간 질환	26.0	고의적 자해(자살)	21.8	당뇨병	22.9	간 질환	23.8	자살	18.1
6	당뇨병	18.8	운수사고	15.9	운수사고	15.5	당뇨병	23.1	고혈압성 질환	14.7
7	만성 하기도 질환	13.5	간 질환	15.5	만성 하기도 질환	15.3	운수사고	22.8	만성 하기도 질환	11.9
8	고의적 자해(자살)	13.0	만성 하기도 질환	14.4	간 질환	14.9	만성 하기도 질환	18.7	폐렴	9.1
9	고혈압성 질환	9.6	고혈압성 질환	9.4	고혈압성 질환	11.0	폐렴	9.5	운수사고	8.1
10	호흡기 결핵	7.1	폐렴	9.3	폐렴	9.3	추락사고	7.8	간 질환	5.9

* 심장질환에는 허혈성 심장질환 및 기타 심장질환이 포함됨.

🥘 백해무익 먹거리

먹을수록 해로운 정제식품

정제 가공된 식품은 원래 식품이 가지고 있는 고유 영양소가 대부분 제거된 식품입니다. 우리가 가장 많이 먹는 설탕을 예를 들어 보겠습니다. 설탕의 원료는 사탕수수라는 식물입니다. 원래 이 식물에는 당질 외에도 무기질과 비타민 성분이 많이 함유되어 있습니다. 그러나 가공 과정을 거치면서 무기질 및 비타민 성분은 없어지고 오로지 당분 성분인 설탕만 남게 됩니다. 설탕은 우리 몸에서 에너지원으로의 기능만 합니다. 더 큰 문제는 이러한 설탕은 식품가공산업 전반에 숨어 있다는 것입니다. 습관적으로 마시는 자판기 커피, 바나나 우유, 과일 주스, 음료수, 아이스크림, 케이크, 과자 등에 숨어서 영양가 없이 열량만 높입니다. 뿐만 아니라 우리는 서서히 이 단맛에 중독되어 가고 있습니다.

그뿐인가요? 정백 밀가루와 흰쌀 또한 식감을 좋게 하기 위해 곡류의 껍질과 씨눈을 벗겨내었습니다. 결국 우리는 열량만 있는 흰 밀가루 또는 흰 쌀밥을 먹는 것입니다. 그 외에도 자연 그대로 먹어서 섭취할 수 있었던 비타민, 무기질 등의 고유한 영양소가 제거된 정제소금, 정제기름도 있습니다. 이렇듯 현대인은 식생활에서 가장 기본으로 섭취하는 쌀, 밀가루, 설탕, 소금, 기름 등을 정제 식품으로 섭취하고 있는 실정입니다.

부작용을 예측할 수 없는 유전자 변형식품

농산물을 자연적으로 품종을 개량하는 것이 아니라 다른 생물종, 즉 다른 개체에서까지 우수 형질을 도입하여 자체의 유전체계를 일부 변형시킨 생물체이며, 이를 이용하여 만들어진 식품이나 식품첨가물로 사용한 식품을 유전자 변형 식품, 즉 GMO 식품이라고 합니다. 인구 증가에 따라 자연에서 얻을 수 있는 식품은 한정되어 있고, 이 또한 지구의 환경 변화로 인해 식량 부족현상이 발생하고 있습니다.

뿐만 아니라 현대 문명에서 인적 · 물적 교류가 활발해지면서, 지역의 한계 상황을 벗어날 수 없는 식품의 다양성에 대한 인간의 욕망 추구 등이 과학의 발달과 맞물려 다수확 품종 및 여러 우수 형질을 도입하여 새로운 품종을 얻을 수 있게 되었습니다. 미국 FDA에서 검증을 마친 유전자 변형 식품은 약 50여 건에 달하며, 이들 중에는 옥수수가 가장 많습니다. 그 다음으로 토마토나 면화, 감자, 대두의 순으로 생산되고 있습니다. 우리나라의 많은 연구 그룹에서 고추, 배추, 무, 담배, 벼 등에 대한 GMO 작물 연구가 진행되고 있는 것으로 알고 있습니다.

하지만 GMO 농산물의 안정성에 대한 완전한 검증이 부족한 것이 현실입니다. 소비자 단체나 환경 단체, 일부 연구 기관에서 GMO 농산물의 부작용에 대한 연구 결과를 발표하고, 미국에서는 몇 년 전에 제초제 내성 유전자 도입 사료용 옥수수가 식용 옥수수에 혼합 재배되고 있다는 보도가 사회적 문제로 대두되었습니다. 이런 이유로 GMO 농산물의 생산, 판매 중단을 요구하는 소송을 낸 바 있으나, 미국의 식품의약품청이나 기업에서는 "유해성 증거가 완벽하게 입증되지 않은 상태에서 무조건적인 반대는 현대 농산물재배법 전체를 부정하는 것"이라며 맞서고 있어 아직 완전한 결론에 도달하지 못한 상태입니다.

많은 과학자들이 우려하는 GMO 식품의 인체에 대

한 영향은 외래 유전자가 인체나 동물의 소화관에 살고 있는 미생물에게 전이되어 유해한 신종 세균으로 변이되어, 현재 우리가 사용하고 있는 항생제 내성균으로 전환될 수 있다는 가설에 있습니다.

1993년 OECD는 유전자 조작 농산물이 기존 식품과 비교하여 성분상의 차이가 없다면, 동일하게 취급하여도 안전하다는 개념을 정립한 바 있습니다. 뿐만 아니라 GMO 개발과 판매에 가장 적극적이고 생산량도 가장 많은 미국에서는 안전성을 기초로 관련기관에서 허가를 내주고 있습니다.

많은 논란 속에 GMO 작물은 점차 확대될 것으로 보입니다. 우리나라의 경우 농산물 자급률이 높지 않기 때문에 GMO 식품 수입에 대한 고민은 심각합니다. 선진국에서는 이 산업을 21세기의 전략 산업으로 보고 발전에 박차를 가할 것이며, 국가 간의 교역 문제로도 대두되고 있습니다. 유럽에서도 많은 고민 끝에 수입 범위를 1% 미만으로 허용하고 있으며, 우리나라는 3%까지 허용하고 있습니다. 최종 GMO 식품에 대한 선택은 소비자에게 있는 것으로 보고 GMO 식품에 대한 표시제를 의무화하는 정도로 관리하고 있습니다. 따라서 이러한 GMO 식품 표시 확인 후 본인 의사에 따라 구매를 하는 것이 좋겠습니다.

거부할 수 없는 맛의 유혹, 트랜스지방산 식품

약 1세기 전만 해도 식품에 아주 미미한 양으로 존재하였던 트랜스지방산이 식품산업에 널리 이용되어 섭취량이 증가하면서 건강상의 많은 문제를 일으키는 지방산이 되었습니다. 과거에는 동물성 지방, 즉 포화지방이 몸에 안 좋으니 식물성유지로 제조한 마가린의 섭취를 장려한 적도 있습니다. 1970년쯤에 마가린의 트랜스지방이 오히려 심혈관계질환을 증가시킨다는 가능성이 제기되었고 1992년 포화지방보다 트랜스지방이 심장질환에 더 위험하다는 연구가 과학적 근거가 있는 것으로 인정받게 되었습니다.

　이후 많은 연구를 바탕으로 미국에서는 식품에서 트랜스지방을 제거하는 것으로 약 11,000~30,000건의 조기 사망을 방지하고, 연간 500억 달러의 의료비용을 절약할 수 있다고 추정하고 있습니다. 이에 미국에서는 2006년부터 식품의 영양표시에 트랜스지방 표기를 의무화하였습니다. 외식이 잦은 뉴욕에서는 외식업소에서의 트랜스지방 사용 금지 법안을 통과시킨 바 있습니다. 미국은 되도록 적게 섭취할 것을 식사지침으로 제시하고 있으며 우리나라도 2007년 12월부터 트랜스지방 표시를 의무화하고 있습니다.

환경 파괴와 더불어 체내에 쌓이는 독성 미네랄

　앞에서 언급했듯이 무기질은 우리 몸에 꼭 필요한 영양소입니다. 하지만 우리 몸에 필요한 영양소의 흡수와 작용을 방해하고 배출시키거나, 심지어는 몸에 축적되어 건강을 해치는 무기질도 있습니다. 최근 환경 변화에 따라 우리도 모르게 이런 무기질을 섭취하게 되고 몸에 쌓이게 되면 여러 가지 건강에 장애를 가져오게 됩니다. 이러한 무기질에는 구리, 납, 수은이 있습니다.

뇌 기능 장애를 일으키는 알루미늄　물에 알루미늄 농도가 높은 지역에서는 알츠하이머병이 50% 이상 증가한다는 보고가 있듯이 알루미늄은 뇌 기능과 기억력을 떨어뜨리는 것으로 잘 알려져 있습니다. 또한 영아의 신장기능과 행동장애, 자폐증과도 연관이 있다는 연구 결과도 있습니다. 이렇게 알루미늄이 뇌의 퇴행에 작용하는 과정이 정확하게 밝혀지지 않았지만, 다량의 구리와 함께 노출되어 있을 때 증상이 더 심각해진다고 알려져 있습니다. 또한 아연의 결핍상태에서 알루미늄의 흡수가 더 잘된다고 합니다. 이렇게 알루미늄이 우리 몸에 들어오는 경로 중 대표적인 것이 음식의 조리 및 보관에 널리 사용되는 알루미늄 호일이며, 예전에 우리나라에서 많이 사용되었던 조리 기구들도 있습니다. 또한 제산제, 치약튜브 등을 통해서도 알루미늄이 몸에 축적될 수 있다고 합니다.

이타이이타이병의 카드뮴   1874년 일본 미쓰이(三井) 그룹이 후지야마 현에 있는 광산지역에서 금속광업소를 운영하기 시작하면서, 이 광업소에서 배출한 폐수에 카드뮴이 다량 포함되어 있어 인근 지역이 오염되었습니다. 이후 이 지역 일대 주민에게서 1920년부터 허리에 심한 통증이 나타나기 시작했습니다. 이 통증은 등줄기와 사지 근육통, 관절통으로 이어지고 이것이 더 심해지면 골연화증이나 골다공증, 다발성 척추 골절 등으로 발전하여 뼈에 금이 가거나 부러지는 질환으로 고생하는 환자가 발생하였습니다. 당시에는 원인이 밝혀지지 않고 다만 "이타이이타이(아프다, 아프다)"하면서 고통스러워한 것에서 유래하여 이타이

이타이병으로 불리었습니다. 그 후 일본 정부는 이러한 증세의 원인이 카드뮴이라고 발표하게 되었고, 이타이이타이병은 토양오염에 의한 카드뮴 중독의 대표적인 사례가 되었습니다.

카드뮴은 공기, 물, 토양, 음식물 등에 아주 조금씩은 들어 있습니다. 인산 비료나 하수 폐기물을 사용하여 거름을 주게 되면 카드뮴이 토양 속으로 많이 들어가게 되는데, 식물은 토양으로부터 카드뮴을 흡수하고, 물고기는 물 속에 있는 카드뮴을 섭취하기 때문에, 음식을 통해 카드뮴에 오염될 수 있습니다. 뿐만 아니라 담배도 카드뮴을 함유하고 있어 담배를 피우면 체내에 카드뮴이 농축되어 흡연자는 비흡연자보다 약 2배 정도로 많은 카드뮴을 체내에 가지고 있습니다.

카드뮴이 체내로 들어오면 배출되지 않고 몸 속에 남아 있게 되므로, 비록 적은 양이라도 오랫동안 계속 노출될 경우 심각한 카드뮴 농도까지 농축될 수 있습니다. 낮은 농도일지라도 오랜 기간 노출되는 경우에는 우리 건강에 심각한 피해를 입히므로 주의해야 합니다.

카드뮴 농도가 높아지면 신장에서 재흡수 기능이 저하하여 칼슘이 배출되고, 그로 인해 뼈에 칼슘부족 현상이 일어나 골연화증, 골다공증이 발생합니다. 특히 임신, 수유기에 있는 여성이나 출산 경험이 많은 갱년기 여성들은 이러한 증세가 더 심하게 나타나며, 나중에는 키가 몇십 센티미터씩 줄어들거나 걸을 때마다 뼈가 부러지는 등 심각한 증세가 나타납니다.

카드뮴은 아연 결핍이 있을 때 뇌와 몸에 더 잘 축적되며, 필수 무기질이나 비타민과 결합하여 이들의 작용을 방해하기도 합니다.

두 얼굴의 무기질, 구리　구리는 필수 무기질이지만 동시에 독성을 나타내기도 합니다. 오염된 파이프, 조리용기, 심지어는 수영장의 항진균제에 이르기까지 널리 퍼져 있어 현대인에게 결핍보다는 과잉이 더 큰 문제입니다. 임신을 하면 혈중 구리 농도가 급격히 증가하며 분만 후 한 달까지 구리 농도가 증가하게 됩니다. 따라서 임신기간에는 구리 중독의 위험이 다른 시기보다 더 높다고 할 수 있습니다. 실제로 너무 빨리 다량의 구리가 축적되면 유산과 조기 분반이 유발될 수 있습니다. 또한 산후우울증과 불안, 편집증 등 정신질환의 요인이 될 수 있습니다.

구리 중독은 동 파이프를 통과하는 물, 구리냄비나 팬, 피임약, 자궁 내 피임장치 등을 통하여 발생할 수 있습니다. 또한 상대적으로 아연, 비타민 C, B3 등이 부족해도 나타날 수 있다고 합니다.

주의 집중력을 떨어드리는 납 우리나라는 이미 대기, 수질, 토양에 의한 오염과 각종 상품, 식품 등에서 심각할 정도로 납중독에 노출되어 있지만 납중독에 대한 체계적인 연구도 부족하여 아직은 경각심이 낮은 편입니다.

미국에서 학생들을 대상으로 장기간 치아에 축적된 납을 조사하였는데, 그 결과 납 농도가 높은 아이의 평균 IQ가 납 농도가 낮은 아이보다 4.5점 가량 낮게 나왔습니다. 즉, 납 농도가 높을 때 주의 집중력이 급격하게 낮았으며, 뇌파 검사 결과도 납 농도에 따라 분명한 차이를 보여주었습니다. 가장 흥미로운 결과는 납 농도가 높은 아이 중 IQ가 125를 넘는 경우가 없는 반면, 낮은 아이 중에는 5% 정도가 125 이상이었습니다.

납은 체내에 축적되어 오랜 시간이 지난 후 독성이 나타나므로 이미 증상이 있을 때에는 치명적인 경우가 많습니다. 특히 칼슘, 아연, 철과 같은 필수 무기질이 적으면 독성 작용이 훨씬 강해집니다. 납에 많이 노출되었을 때 나타나는 첫 증상은 피로감입니다. 불안하고 잠이 잘 오지 않고 하다가 심해지면 우울감, 변비나 체중감소 등이 나타날 수 있습니다. 어른들보다는 어린이들이 더 위험하다는 데에는 이견이 없습니다. 입으로 들어온 납은 소변을 통해 배설이 됩니다. 하지만 어린이는 그중 50% 정도, 성인은 15% 정도가 몸에 흡수됩니다. 납을 비롯한 중금속은 몸 안에 쌓이고 좀처럼 배출되지 않는다는 데 문제가 있습니다. 몸 안에 축적된 납의 90% 이상은 긴 뼈 안에 저장됩니다.

납중독이 처음 발견된 것은 아주 오래 전으로 거슬러 올라갑니다. 의학의 아버지라 불리는 히포크라테스가 '납중독'을 진단했을 정도니까요. 로마 시대 네로 황제의 광기 어린 행동에 대해 어떤 의학자들은 '납중독에 의한 치매'를 주장하기도 했습니다. 로마 시대에는 일찍이 문명이 발달해서 아름다운 크리스털 잔에 포도주를 담아 마시곤 했는데, 이처럼 크리스털 잔에 들어 있는 납 성분이 산 성분에 녹아 배어나와, 네로 황제뿐 아니라 로마시대 귀족들은 모두 납중독이 있었을 거라는 가설입니다.

그뿐만이 아닙니다. 무겁고 안정성이 높은 납은 우리가 사용하는 모든 합성제품에 사용됩니다. 그 중에서도 납이 많이 들어 있는 제품은 페인트, 화장품, 크레파스 같은 색소가 있는 제품, 낚시도구나 모기장의 추, 유약이나 금칠이 된 식기, 스테인드글라스, 그리고 건전지와 형광등 등입니다. 요즘은 환경을 위해 무연(lead)휘발유가 나오지만, 예전에는 휘발유 성분을 좋게 하기 위해서 납을 넣었습니다. 납은 우리가 사용하는 모든 제품들에 조금씩 다 들어 있다고 해도 과언이 아닙니다. 물론 납이 쉽게 녹지 않도록 제조회사들은 조치를 취하고 안전검사를 합니다. 그러나 장난감, 화장품처럼 페인트나 색소가 쓰인 제품들, 그리고 낚시 추나 모기장의 추처럼 금속 납을 그대로 사용한 것들은 입에 들어가지 않도록 주의하여야 합니다.

특히 납 성분이 들어간 페인트 조각은 약간 단맛이 나는데, 어린이들이 문에 발린 오래된 페인트 조각을 빨아서 중독된 일도 많습니다.

주택이 많은 미국에서는 1970년도부터 연방정부에서 납중독 감시체계를 운영하며, 아이들의 납중독 예방을 위해 힘쓰고 있습니다. 특히 납이 함유된 페인트는 철이 부식되지 않게 하기 때문에 철문에 초벌 페인트로 사용되곤 합니다. 우리나라도 페인트칠이 된 철문을 보면 초벌로 칠한 진홍색의 페인트 층이 보이지요? 일명 광명단이라 불리는 이 페인트는 특히 조심하셔야 합니다.

가정에서 납중독을 예방하는 방법으로는 우선 사용하고 난 폐건전지와 형광등을 분리수거하는 것입니다. 여기서 흘러나온 납은 토양이나 하천으로 흘러 들어가서 생선이나 고기 등에 쌓여 결국 우리의 밥상에 오르게 되기 때문입니다.

신경을 손상시키는 수은 1956년 일본의 구마모토현 미나마타시에서 메틸수은이 포함된 어패류를 먹은 주민들에게서 수은중독으로 인한 신경학적 증상과 징후를 특징으로 하는 미나마타병이 발생하여 사회적으로 큰 문제가 되었습니다. 우리나라 또한 최근 수은 중독으로부터 자유롭지 못하며, 환경부는 우리나라 성인의 몸속에 축적된 수은의 평균 농도가 미국, 독일 등 선진국에 비해 최대 8배나 높은 것으로 나타났다고 밝힌 바 있습니다.

수은에 중독되면 만성피로와 무기력증, 신경과민 증상이 나타나고 심하게 되면 급성 호흡부전, 폐부종, 폐렴 등 호흡기계 증상이 나타날 수도 있으며, 또한 피부에 접촉되면 심각한 피부염을 일으킵니다. 아주 적은 양의 수은도 알츠하이머병의 특징인 신경손상을 초래할 수 있습니다.

최근에는 오염된 토양뿐만 아니라 광범위한 해양 오염으로 인하여 생선의 수은 오염이 큰 문제가 되고 있습니다. 특히 지방이 풍부한 생선일수록 수은의 축적량이 높다고 합니다. 따라서 미국 식약청에서는 임신한 여성들에게 참치, 상어, 황석어, 삼치, 옥돔 등의 섭취를 금하고 있습니다. 또한 무심코 버려지는 건전지와 형광등은 토양이나 대기를 심각하게 오염시키고 먹이 사슬에 의해 결국 인간에게 전해지므로 주의가 필요합니다.

피할 수 없는 식품첨가물

과자, 음료, 아이스크림은 물론 매끼 식탁 위에 오르는 두부나 어묵, 게맛살, 햄, 소시지 식품, 심지어는 간장이나, 된장, 고추장, 소금 등 가공 식품에는 식품의 보존, 향, 맛, 색감, 질감 등을 높이기 위해 식품 첨가물이 사용됩니다. 일단 한 단계라도 가공 과정을 거친 식품이라면 식품첨가물이 첨가되었다고 보면 됩니다.

식품첨가물은 자연계에 존재하지 않는 물질입니다. 따라서 체내 세포에는 전혀 사용되지 않고 잘 분해되지도 않으면서 체내에 축적되어 여러 가지 건강 이상을 일으킬 수 있습니다.

국제적으로 안전성이 인정된 식품첨가물은 320종인데, 그중 150종은 안전성에 대한 의문이 제기되고 있고, 70종은 일부 사람에게 알레르기나 부작용을 초래할 수 있으며, 30여 종은 장기적으로 상당한 해를 끼칠 수 있는 성분으로 알려져 있습니다.

최근 우리나라 환경청에서는 아이들이 즐겨먹는 간식류에 많이 사용되고, 위해성 논란이 있는 첨가물을 중심으로 "어린이가 먹어서는 안 될 식품첨가물 5가지"를 선정하였습니다. 탄산음료 등에 보존료로 사용되는 안식향산나트륨은 DNA를 손상시켜 간경변이나 파킨슨병 등 퇴행성 질병을 불러올 수 있다는 연구 결과가 있습니다. 또 음료 속의 첨가 비타민 C와 결합할 경우 발암물질인 벤젠이 생성된다고도 알려져 있습니다.

합성착색료인 타르계 색소는 석탄 타르 중에 함유된 벤젠이나 나프탈렌으로부터 합성하여 만든 것으로 원래는 식용이 아닌 섬유착색을 위해 개발된 것입니다. 일부 타르색소는 인체에 간 독성, 혈소판 감소증, 천식, 암 등을 유발한다는 연구 자료가 있습니다. 또한 MSG를 과다 섭취할 경우 뇌신경세포를 상하게 한다는 동물실험 결과가 있으며 민감한 사람의 경우 두통, 메스꺼움 등을 느끼기도 합니다.

뿐만 아니라 아황산나트륨과 같은 표백제 또는 보존제, 화학조미료, 황색 4, 5호 같은 식용 색소는 아토피성 피부염, 두드러기 등을 일으키는 것으로 보고되고 있습니다. 또한 음료나 아이스크림 등에 넣는 향 첨가제는 식욕을 자극해 비만을 유도하고, 단맛을 내는 합성감미료 역시 비만, 충치를 유발할 수 있습니다.

점점 중독되는 맛의 쾌락

맛이란 음식에 들어 있는 성분들을 입 안에 있는 맛 감각기관이 느끼는 것으로 단맛, 쓴맛, 신맛, 짠맛으로, 이 네 가지 맛이 인간이 느끼는 맛의 기본입니다. 그런데 최근 분자 생물학 학자들에 의해 사람의 혀에서 글루타메이트와 L-아미노산을 감각하는 두 개의 수용체가 발견되었습니다. 이 수용체를 우마미 수용체라고 명명하였는데, 우마미란 일본 학자인 이네다 키쿠나에가 발견한 맛으로 우리에게 아지노모토, MSG로 알려진 "감칠맛"입니다.

우마미는 육류, 치즈, 다시국물, 조개국물 등에 있는 단백질 성분인 글루타메이트가 분해되면서 내는 맛으로 인간은 태어나면서부터 글루타메이트가 함유된 모유로 우마미의 맛에 길들여지게 됩니다. 세계적인 프랑스 요리의 기본이 바로 이 우마미 맛이며, 일본은 이 맛을 상업용으로 개발하여 모든 음식에 감초로 사용하고 있습니다. 이러한 단백질 맛의 중독은 현대인들에게 과도한 육류 섭취를 유도하고 있습니다.

한편 짠맛의 대표 성분은 소금인데, 생리적으로 우리 몸에 필요한 염분은 1일 3g 정도이며 세계보건기구(WHO)에서는 1일 5g 정도의 소금 섭취를 권장하고 있습니다.

냉장고가 없던 시절 음식의 보존 방법인 젓갈류, 김치류, 장류 등의 염장식품에 길들여진 한국인의 소금 섭취량은 1일 17~27g 정도로 과다 섭취하고 있습니다. 소금은 고혈압이나 위암 등의 주요 원인으로 지목되면서 국가차원에서까지 싱겁게 먹기를 홍보하고 있지만, 이미 우리의 입맛은 짠 음식을 맛있게 느끼도록 길들어져 있습니다.

단맛 또한 식품가공산업과 작농방법의 발달로 식품의 당도가 점점 높아지고 있으며 이러한 단 음식은 부교감신경이 항진되면서 안락한 느낌을 주어 점점 단맛에 중독되게 됩니다.

지방의 맛은 또 어떤가요? 지방은 양념류들 사이에서 조화를 이루게 하고, 고소한 맛을 내어 음식의 풍미를 돋구어주는 역할을 합니다. 특히 근내지방(마블링: 포화지방산)이 없는 육류는 퍽퍽하고 양념류가 배이지 않아 바로 맛없는 음식으로 전락하게 됩니다. 더 더욱 최근 심장질환의 주요 원인으로 지목받는 트랜스지방산의 바삭거림과 고소한 맛은 건강을 담보로 기꺼이 즐기는 맛이 아니던가요?

현대는 식품의 과잉 생산이라는 문제에 봉착하게 되었고 과잉생산의 당연한 결과로 소비를 조장하는 시스템이 가동되고 있습니다. 생산자와 식품제조업자들은 우리가 그들의 제품을 더 많이 먹기를 바라며, 맛과 광고로 우리를 현혹시키고 있습니다. 결국 현대인에게 맛은 점점 쾌락의 대상이 되고 있다고 해도 과언이 아닙니다. 게다가 점점 '맛'은 자극적이 되고, 맛의 성분인 단백질, 당질, 지질, 염분 등의 농도는 진해지고 있습니다.

현대인의 영양소
섭취전략

현대인의 영양 문제는 다양한 형태로 나타나고 있습니다. 우선 영양소의 공급원인 식품이 산업화되고, 식품가공기술, 유통기술 등이 추가되면서 전 세계적으로 식품의 대량 공급이 가능하게 되었습니다. 그러나 이 과정에서 식품 고유의 영양소는 제거되고 보존·유통이 간편한 형태로 발전하면서 결국 영양소는 없고 열량만 남은 식품으로 탈바꿈되고 있습니다.

이러한 공급의 대형화와 함께 식품산업 시장은 이익을 위해 소비를 부추기고 있습니다. 식품의 과소비는 결국 영양 과잉으로 비만, 만성퇴행성질환으로 이어져 결국 건강을 위협하는 요소가 됩니다. 따라서 현대인의 영양 관리는 열량과 같은 양적 개념이 아니라 필수 영양소에 대한 섭취 전략과 함께 영양상태를 제대로 진단하여 미래의 건강을 대비하는 전략을 세워야 할 것입니다. 그러기 위해서는 우선 자신의 체중 변화를 주시하고 과거의 식습관을 잘 살펴, 그 식습관으로 인해 부족한 영양소를 찾아내어 지속적으로 보충하고, 과잉으로 섭취했던 영양소는 제한하는 노력이 필요합니다.

건강 체중을 유지하라 - 적정량을 먹자

WHO에서도 비만은 질병으로 규정하였고, 많은 선진국에서는 비만과의 전쟁을 선포하고 있습니다. 현재 미국인의 약 3분의 1 정도가 비만이며, 가장 큰 요인으로 영양과잉을 꼽고 있습니다. 이러한 비만은 결국 심장마비, 뇌졸중, 고혈압, 당뇨, 대장암, 관절염, 불임, 담석증, 코골이, 수면 무호흡증 등을 유발할 확률이 높고, 매우 큰 영향을 미치고 있다는 많은 연구가 있습니다. 특히 최근 들어 어린이의 비만, 조기 성숙증, 심지어는 행동장애까지도 비만과 관련이 있다고 보고되면서 영양은 단순한 식생활의 범주를 넘어 건강과 밀접한 관련이 있다고 인식되고 있습니다.

따라서 일생 동안 건강 체중을 유지하는 것이 중요합니다. 건강 체중은 체질량 지수, 즉 Body Mass Index(이하 BMI)로 측정합니다. BMI는 몸무게(kg)를 키(m)의 제곱으로 나눈 값으로 산출됩니다. 미국의 경우, 건강 체중 범위를 BMI 18.5에서 25로 규정하고 있으며 BMI 지수 25 이상은 비만으로 분류하고 건강 상의 문제가 있다고 판단합니다. 우리나라의 경우, 체격을 고려하여 건강 체질량 지수를 여성은 21, 남성은 23으로 정하고 있습니다. 특히 체중 증가의 심각성은 중년이 되면서 심화되는데, 젊었을 때보다 체중이 10kg 이상 증가한다면, 현재 BMI 지수가 23 이하의 건강 체중 범위라 하여도 가급적 젊었을 때 체중에 근접하도록 체중관리를 해야 합니다. 체중이 한번 증가하면 체중을 줄이는 것은 몇 배 더 어렵습니다. 설상가상으로 비만과 함께 오는 당뇨병, 심장질환, 뇌졸중 등의 질병은 체중 감량 후에도 완치되지 않고 삶의 질을 악화시킵니다.

한편 체중보다는 체형(체지방의 분포)이 더 중요한 문제일 수 있습니다. 즉 BMI 지수가 정상범위라 하더라도, 허리둘레가 굵으면 내장지방으로 인해 당뇨병 혹은 심장질환 등의 만성질환으로 진행되기 쉽기 때문입니다. 허리둘레를 측정하여 남자 90cm 이상, 여자 85cm 이상이면 주의가 필요합니다.

다시 말해, 나이가 들수록 체중이 1kg이라도 증가하지 않도록 예방하는 노력이 중요합니다. 이를 위해 무엇보다 중요한 것은 식품의 선택이나 특정 다이어트가 아니라 과식을 피하는 방어적 식사 습관을 유지하는 것입니다. 일상생활을 유지하는 데 필요한 양은 우리가 습관적으로 먹는 양보다 적습니다. 이를 위해 몇 가지 제언을 해드리겠습니다.

첫째, 하루에 얼마나 먹는지를 살펴보십시오. 잘 모르시겠다구요? 3일간만 식사 일기를 써보세요. 양까지 구체적으로 쓰기가 어려우시다면, 우선 음식 품목이라도 써서 살펴보십시오. 내가 어느 정도의 시간 간격으로 무슨 음식을 먹는지 보시고, 기초식품군에서 특히 어느 식품군을 많이 섭취하고 있는지를 체크하십시오. 그래서 기초식품군 표와 비교하여 과, 부족을 체크하고 부족한 식품군과 자주 섭취하는 식품군을 알아내어 우선은 부족한 식품군의 섭취에 더 신경을 쓰도록 하십시오.

둘째, 가급적 냉장고에 음식을 많이 채워 놓지 마십시오. 일주일 단위로 먹어야 하는 식품군과 양을 계산하여 장을 보아 보관하십시오.

셋째, 만약 평소에 필요 이상으로 음식을 준비한다면 적은 양을 요리하는 것부터 실천해야 합니다. 1인분으로 미리 포장해 놓으면 먹는 양을 줄일 수 있으며 간식을 드실 때에도 일회 먹을 양만을 정하여 접시에 덜어놓고 박스는 치우십시오.

넷째, 아침을 먹는 것이 하루 중 과식하는 것을 막을 수 있습니다. 만약 아침 식사를 할 시간이 없다면 오렌지 하나, 저지방 요구르트 하나, 그리고 빵 한 조각을 들고 출근하십시오.

무엇보다 중요한 것은 규칙적인 식사 시간을 정하여 정해진 양만을 먹도록 하는 것입니다. 아침, 점심,

저녁 식사 시간 외 오전 10시와 오후 3시 정도에 우유 한잔이나 과일 등을 간식으로 규칙적으로 먹는다면 배고프다는 생각은 들지 않을 것입니다.

균형 잡힌 식사를 하라 - 조금 더 먹고, 조금 덜 먹자

앞에서 설명한 바와 같이 현대인의 식사에는 필수 영양소는 감소하고, 오히려 불필요한 영양소의 섭취가 증가하는 등 영양 불균형이 심화되었습니다. 다시 말해, 가공식품의 범람과 편식으로 비타민과 무기질, 섬유질 등 필수영양소의 섭취는 감소되고, 포화지방과 당질류, 염분 등의 해로운 성분은 섭취가 증가하고 있습니다. 따라서 식품 선택시 더 섭취해야 할 영양소들을 고려하여 하루에 한 번이라도 먹을 수 있도록 의식적인 노력을 기울여야 하겠습니다. 반면, 덜 먹어야 할 성분이 포함된 식품은 되도록 먹는 빈도와 양을 줄일 수 있도록 노력해야 합니다.

매일 늘려야 할 영양소와 식품들		가급적 줄여야 할 영양소와 식품들	
항산화 영양소	각종 채소류나 과일	트랜스 지방산	감자튀김, 도넛, 크루아상 등
필수 지방산	생선류, 식물성 기름	단순 당류	사탕류, 음료수, 단케익 등
섬유소	현미, 잡곡류, 채소나 과일	식품 첨가물	과자, 사탕류, 가공식품
비타민 성분	각종 채소류, 과일	포화 지방산	기름기 많은 육류(삼겹살 등)
수분	보리차, 순수 물, 옥수수차	기타	과음, 흡연

똑똑한 식사를 하라 - 제대로 알자

건강에 대한 관심이 높아지는 것은 바람직한 현상이지만, 정작 건강을 위한 올바른 영양식의 이해와 실천은 매우 부족한 실정입니다. 하루가 멀다 하고 메스컴에서 특정 식품을 마치 만병통치약처럼 소개하고 있습니다. 심지어 어떤 식품이 몸에 좋다는 방송이 나가면 다음 날 시장에서 그 식품은 동이 납니다. 그러나 한 가지 식품만으로는 몸에 필요한 영양소를 모두 공급할 수 없다는 사실을 다시 한 번 기억하시기 바랍니다.

식품이나 음식 광고는 상업적인 이익을 위해 우리로 하여금 음식을 많이 사서 먹도록 유도하는 것입니다. 음식 광고들은 음식 속에 남아 있는 몇 가지 영양소에 대해서만 과대선전하고 정제 도중에 파괴되어 없어진 다른 영양소에 대하여는 일체 언급하지 않습니다. 오히려 그 한두 종류의 영양소가 매우 가치 있는 양 선전합니다. 과연 그럴까요? 식품업체의 광고는 대부분 그들의 이익을 위한 것이지 여러분의 건강을 염려하고 있지 않다는 사실을 염두에 두기 바랍니다. 따라서 방송 매체에 나오는 식품과 영양, 그리고 건강과 관련한 정보들은 한 번 더 확인하고 결정하시기 바랍니다.

맞춤 식사를 하라 – 보약이 따로 있는 것이 아니다

개인의 영양 필요량은 연령, 성별, 활동량, 체중, 식습관, 질환 등에 따라 다를 수 있습니다. 특히 환자의 경우는 치료 방법에 따라서도 다를 수 있으므로 본인의 상황에 맞는 식사가 될 수 있도록 해야 하겠습니다. 조급해하지 말고 너무 욕심내지도 말며, 꾸준하게 적정한 양으로 개개인에 맞춤 영양소를 공급하여준다면 우리 몸은 자연스레 균형을 찾게 될 것입니다.

즉, 내 몸의 상태에 기초하여 적절한 식품의 종류와 양을 선택하여야 하겠습니다. 식품 그 자체가 보약이 아니라, 내 몸의 재료가 되는 영양소가 조화를 이룰 수 있도록 제대로 먹는 것이 보약임을 기억하시길 바랍니다.

중단 없는 실천의지와 노력이 필요

체중이 증가하고 있다구요? 우선 1kg이라도 빼는 노력을 하십시오. 지방조직 1kg을 빼기 위해서 성인 남성의 경우 2.5개월 동안 하루에 100kcal를 덜 섭취해야 합니다. 반면 체중을 일정하게 유지하다가 100kcal를 더 섭취하면 1년 후 지방 조직이 4.7kg 가량 증가하게 됩니다.

어느 정도 먹으면 100kcal 열량이 나올까요? 아래의 표에서도 알 수 있듯이 100kcal를 내는 식품의 양은 식품별로 차이가 있습니다. 뿐만 아니라 별로 의식하지 않고 먹는 식품의 열량이 만만치 않다는 사실을 기억하시기 바랍니다. 예를 들어 식사 후 습관적으로 마시는 자판기 커피의 경우 1잔이 약 40kcal 정도로 점심, 저녁 후 2잔만 마셔도 쉽게 80kcal가 되고, 피부 미용에 좋다고 귤을 2개만 먹어도 100kcal가 됩니다. 따라서 일상에서 작은 노력부터 시작하도록 합시다. 자판기 커피 대신 블랙커피나 녹차로, 과일은 양을 정하여 먹기, 음료수 대신 생수나 보리차로 마시기, 간식의 횟수나 양을 반으로 줄이기 등을 의식적으로 하십시오. 그렇다고 너무 완벽하려고 하지 마십시오. 가끔은 실패할 수 있지만 그래도 좌절하지 않고 꾸준히 실천하는 의지가 중요합니다.

❖ 100kcal 에너지를 내는 식품의 양

구 분	식품의 양
곡류	밥 70g(1/3공기), 고구마 100g(1/2개), 인절미 50g(3개) ,식빵 35g(1쪽)
어육류	살코기80g(탁구공 크기 2개), 생선 100g(작은 1마리), 두부 120g(1/3모), 갈비 40g(작은 1토막), 장어 50g(2점)
야채류	상추 350g, 양송이 350g, 오이 350g(2-3개), 도라지 250g
기름류	들기름 10g(2찻술), 호두 16g(1개) 버터 12g(1인분 버터 1개)
우유	우유 180g(4/5봉)
과일	귤 100g(작은 것 2개), 사과 100g(작은 것 1개)
기타	인스턴트 커피 2.5잔, 콜라 캔 음료 1캔, 설탕 6g(각설탕 1개)